纺织艺术设计
TEXTILE DESIGN

2013年第十三届全国纺织品设计大赛暨国际理论研讨会
13TH CHINA TEXTILE DESIGN COMPETITION & INTERNATIONAL CONFERENCE 2013

2013年国际纹织艺术设计大展——传承与创新
INTERNATIONAL WEAVING ART EXHIBITION—INHERITANCE & INNOVATION 2013

纹织作品集
WORKS COLLECTION OF WEAVING

田青　主编

清华大学美术学院

2013年第十三届全国纺织品设计大赛暨国际理论研讨会组委会　编

中国建筑工业出版社

图书在版编目（CIP）数据

纺织艺术设计　2013年第十三届全国纺织品设计大赛暨国际理论研讨会　2013年国际纹织艺术设计大展——传承与创新　纹织作品集/田青主编；清华大学美术学院，2013年第十三届全国纺织品设计大赛暨国际理论研讨会组委会编. —北京：中国建筑工业出版社，2013.3
ISBN 978-7-112-15155-4

Ⅰ.①纺…　Ⅱ.①田…②清…③2…　Ⅲ.①提花织物—设计—作品集—中国—现代　Ⅳ.①TS106.5

中国版本图书馆CIP数据核字（2013）第038391号

责任编辑：吴　绫　李东禧
责任校对：王雪竹　刘　钰

纺织艺术设计
2013年第十三届全国纺织品设计大赛暨国际理论研讨会
2013年国际纹织艺术设计大展——传承与创新
纹织作品集
田青　主编
清华大学美术学院
2013年第十三届全国纺织品设计大赛暨国际理论研讨会组委会　编
*
中国建筑工业出版社出版、发行（北京西郊百万庄）
各地新华书店、建筑书店经销
北京京点设计公司制版
北京方嘉彩色印刷有限责任公司印刷
*
开本：880×1230毫米　1/16　印张：13¼　字数：400千字
2013年3月第一版　2013年3月第一次印刷
定价：126.00元
ISBN 978-7-112-15155-4
(23253)

卷首语

染织艺术源远流长，随人类文明不断发展，中西融汇，博大精深。清华大学美术学院作为创办者，坚持每年举办一届的“全国纺织品设计大赛暨国际理论研讨会”，至今已13年了，广邀国内外同行，协同致力于染织艺术的传承与创新。

本届大赛的宗旨是“经纬之韵——自然、环保、人文”，共收到设计作品130余件、学术论文70余篇，这些作品与论文充分展现了近年来染织艺术设计面向市场需求的探索与成果，以及设计思维多元化的趋势。国内外有50多个高等艺术院校、团体参与了这次活动。来自印度、印度尼西亚、马来西亚、孟加拉国、乌兹别克斯坦、芬兰、韩国、日本等国家的纹织艺术家、纺织艺术设计者、学者、专家和民间艺人，将和国内的设计师们共同展示古老的传统染织技艺和绚丽多姿的手工艺作品，共同交流探讨传统与创新的染织技艺的技术美和时代美。另外，本届大赛作品出自在校学生的设计作品比例明显高于往年，这从一个侧面展现了近年来染织艺术设计教育所取得的长足进步。

真诚希望“全国纺织品设计大赛暨国际理论研讨会”能一如既往地持续下去，越办越好，促进染织艺术设计教育的改革与发展，用艺术和设计创新为染织行业的发展起到催化与加速作用。值此成书之际，谨为序。

清华大学美术学院院长 [illegible]

创新我国家纺设计理论迫在眉睫

这里好比一个展厅，每年都有一批新的艺术设计理念，思维方式，表现手法在这里陈列展示，启迪、凝聚、补充、拓展着广大参观者的理论认知。

众所周知，设计是产品的灵魂，而理论又是设计实践的灵魂。这个理念在众多发达的国家都被奉为“金科玉律”。因此无论是从我国艺术设计教学应用的角度，还是从家用纺织品产业发展的角度，研究、归纳、总结、创新我国家纺艺术设计理论都是当务之急、重中之重。清华大学美术学院承办的“全国纺织品设计大赛暨国际理论研讨会”已经成功举办了13届。这项活动在国内外艺术院校和纺织产业内外都产生了重大的、深刻的影响。广大艺术院校师生、家纺企业和设计师多年来一直积极参与并支持这项活动，为创立和丰富中国家纺设计的理论体系作出了杰出的贡献。

20世纪80年代，乘改革开放的东风，我国家纺产业有了高速迅猛的发展，我国一跃成为世界家纺制造大国，我国的家纺产品畅销海内外。这期间我国众多的家纺企业走出国门，开发国际大市场，积累了大量的经验和教训。这是一笔相当丰厚的宝贵财富，对国际时尚产品设计文化、东西方产品设计文化、区域和民族设计文化、企业品牌设计文化的总结和研究都有着十分重大的价值和作用。希望广大艺术院校的师生走出校门、深入企业，和广大企业设计师一道研究和发掘这块资源，为完善和发展中国现代家纺自主设计的理论研究再接再厉，作出更大的贡献。

中国家用纺织品行业协会会长 

目录
CONTENTS

2013年国际纹织艺术设计展作品　International Weaving Art Exhibition Works 2013

各地区纹织艺术作品 Weaving Works from Different Areas

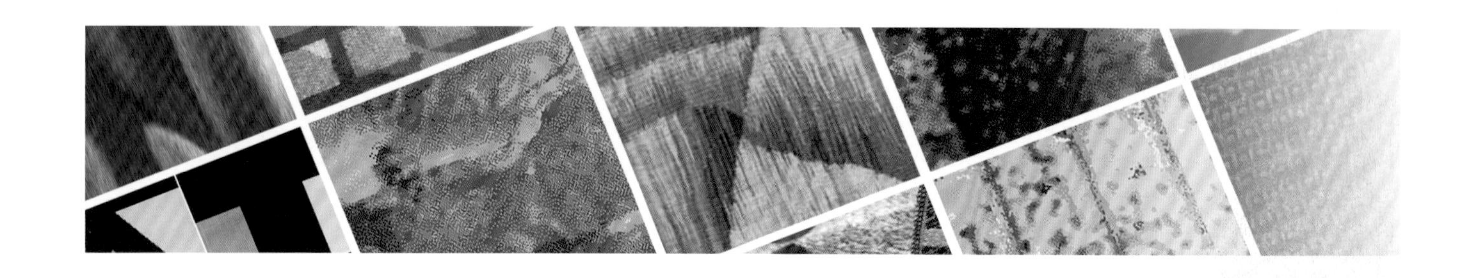

2013年国际纹织艺术设计展作品

International Weaving Art Exhibition Works 2013

- 中国大陆/Mainland China
- 中国台湾/Taiwan，China
- 韩国/Korea
- 日本/Japan
- 芬兰/Finland
- 美国/USA
- 印度尼西亚/Indonesia
- 乌兹别克斯坦/Uzbekistan

姓名：安红
国籍：中国

简历：中原工学院副教授，从事服装设计教学工作。作品多次参展并获奖。
1993年，毕业于苏州大学艺术学院，获学士学位。
2004年，毕业于北京服装学院，获艺术学硕士学位。
2012年9月—2013年6月，清华大学访问学者。

作品名称：《逝去的记忆》 **材料**：绳带、彩陶 **尺寸**：23cm×31cm

ARTIST NAME: 안진희 An Jin Hee
COUNTRY: South Korea

CURRICULUM VITAE:
In progress the course of master, Plastic Design in Dong-A University.
2009 Busan Textile Design Contest(be accepted).
2011 World Tapestry Association Exhibition—色展.
2012 The 13th Korea Arts and Crafts Awards(be accepted).

ARTWORK TITLE: Daily MATERIAL: wool, cotton SIZE: 130cm×200cm

ARTIST NAME: Anna-Mari Leppisaari
COUNTRY: Finland

CURRICULUM VITAE:
Anna-Mari Leppisaari is a Finnish fashion and textile designer. Her works are defined by extensive experimentation with unique woven fabrics, contemporary shapes and a fresh use of colour and patterns.

ARTWORK TITLE: Transformation
MATERIAL: wool,cotton,viscose,metallic yarn, mohair,latex **SIZE:** 3 outfits

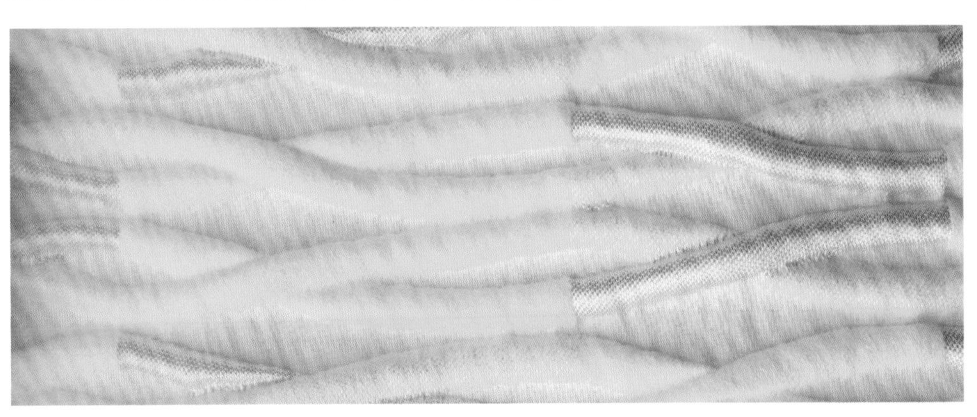

ARTIST NAME: BaeGyo - Duk
COUNTRY: South Korea

CURRICULUM VITAE:
Completed the course of Doctor, Plastic Design, Graduate School of Dong-A University.
Dong-A University,Busan National University of Science and Technology Lecturer.
Busan Art Association, Busan Catholic Artists Association, Busan Fiber Design Association Member.
"south Korea & China Tapestry Exhibition of New Attention—Color" —WTA(Busan Design Center- south Korea, Shen zhen – China).
"south Korean Elite Art Exhibition Disclosure of Intelligence Ago" (DanWon Exhibition).

ARTWORK TITLE: Basic I MATERIAL: wool SIZE: 50cm×50cm×8

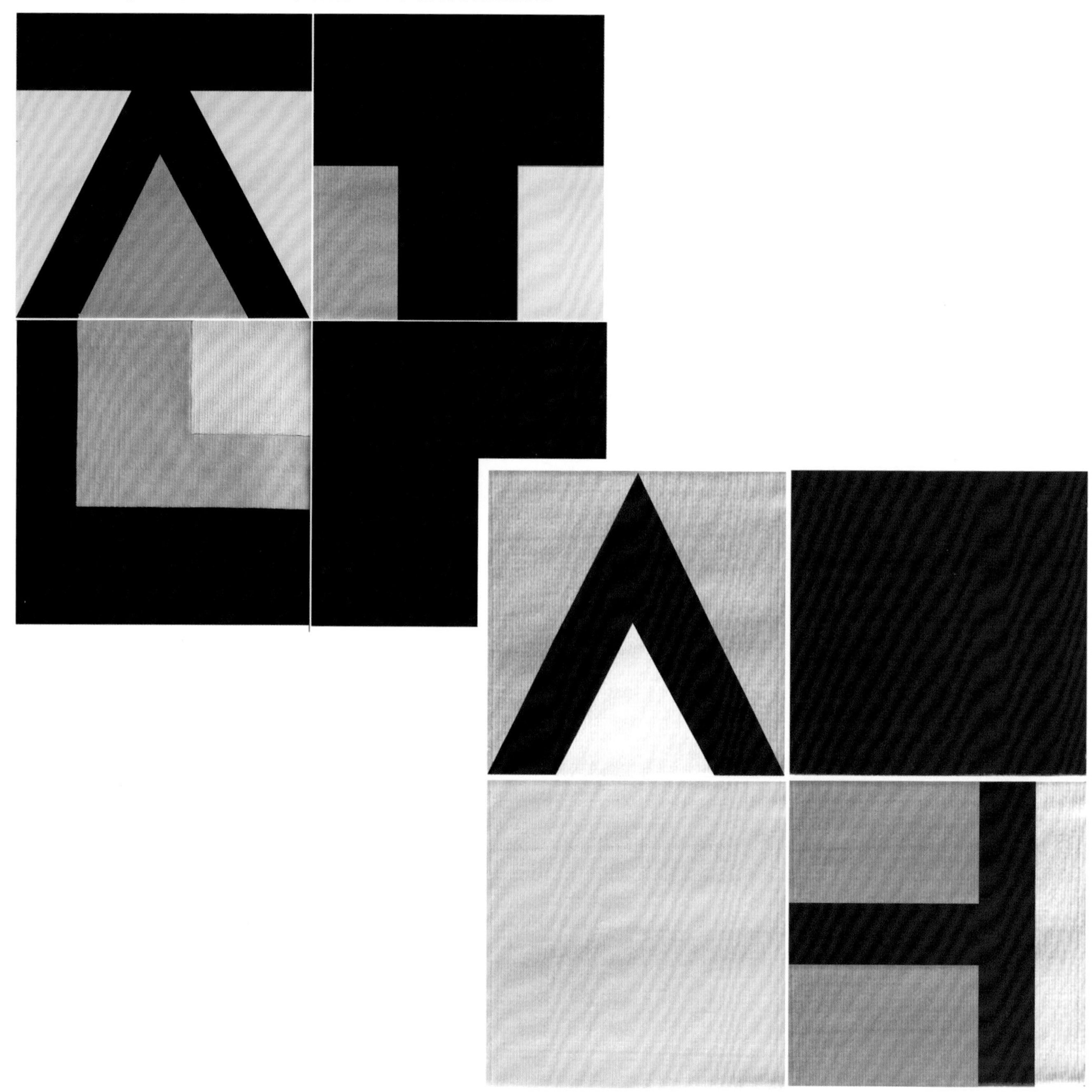

ARTIST NAME: Biranul Anas Zaman

COUNTRY: Indonesia

CURRICULUM VITAE:

Faculty of Art & Design,ITB,Design Department,Doctor (Art & Design Sciences – ITB).

Printed Textile Design & Technology Advanced Course, Fashion Department. Kanebo Textile Industries,Osaka,Japan,1974 – 1975.

ARTWORK TITLE: Thinkers of the Alternative

MATERIAL: synthetic yarn, dried leafs, polyester mesh, cotton SIZE: 85cm × 150cm

ARTIST NAME: Bulan Prizilla
COUNTRY: Indonesia

CURRICULUM VITAE:
2012 Contemporary Indonesian Fiber Art No. 1 exhibition, Art.1 Museum, Jakarta.
2002 Painting exhibition "Care Each Other" , Galeri Kita,Bandung.
2002 Linna Lea School of Fashion fashion Show, Bandung.

ARTWORK TITLE: Pakis Taji MATERIAL: 100% cotton woven SIZE: 206cm×62.5cm

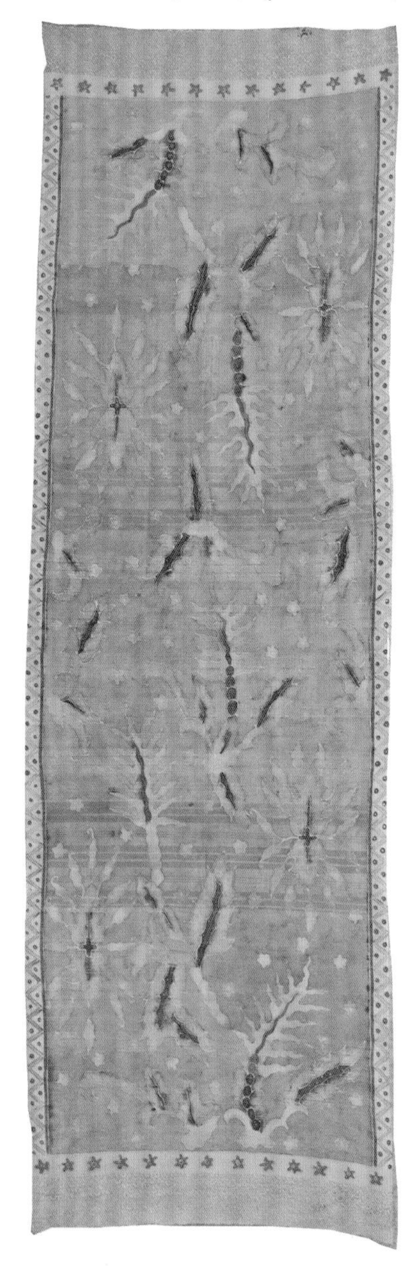

姓名：陈立

国籍：中国

简历：清华大学美术学院染织服装艺术设计系副教授。长期从事染织艺术设计教育，担任染织实践教学课程，以及传统染织工艺之刺绣、现代刺绣工艺设计应用等研究工作。

作品名称：《彩虹系列》 **材料**：棉布、化纤 **尺寸**：80cm×150cm

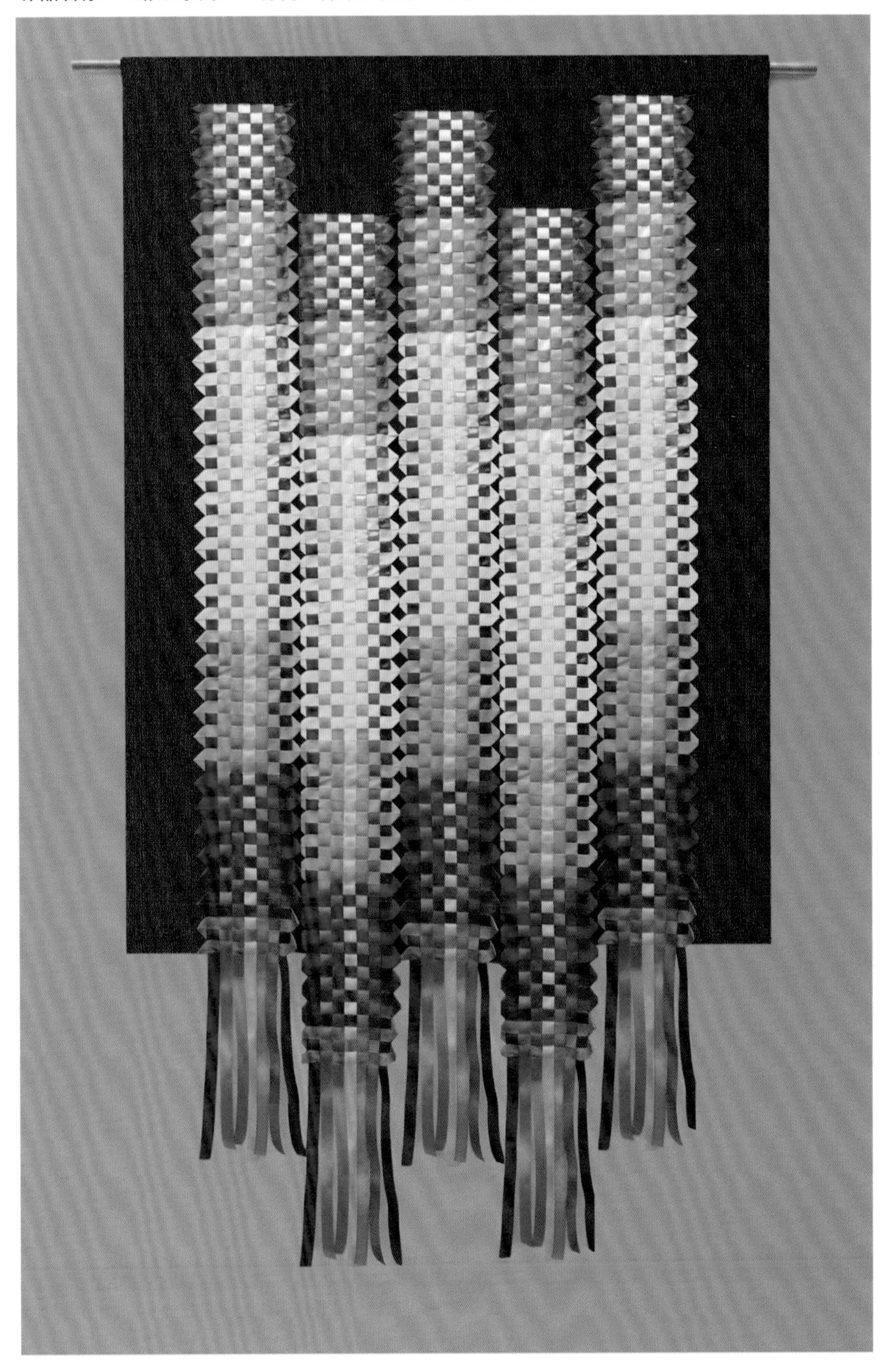

姓名：常沙娜

国籍：中国

简历：清华大学美术学院教授，中国美术家协会第三届理事、第四届常务理事，中国国际文化交流中心理事，中华全国妇女联合会第五届执委。曾任中央工艺美术学院院长，院学术委员会主任。当选中国共产党第十二次、十三次全国代表大会代表，第七、八、九届全国人民代表大会代表，第九届全国人民代表大会常务委员会委员，第八、九届人大、教科文卫委员会委员，中国美术家协会副会长，欧美同学会副会长及留美分会副会长，首都第一届女教授联谊会会长。

作品名称：《出巡图》　**材料**：羊毛　**尺寸**：90cm×120cm

姓名：崔笑梅

国籍：中国

简历：山东工艺美术学院纤维染织专业教师。
主要作品有《竹林听风》、《来自音乐的某种快感》、《仲夏情怀》、《窗影婆娑》。曾出版《中国传统纹样摹绘精粹》一书。

作品名称：《网》　**材料**：毛线　**尺寸**：60cm×90cm

姓名：陈雪　杨雪
国籍：中国

简历：陈雪——2011年毕业于鲁迅美术学院并留校任教，现任鲁迅美术学院（大连校区）软装饰设计工作室助教、大连东方佰汇艺术设计有限公司首席设计。
杨雪——2012年毕业于鲁迅美术学院。在校期间成绩优秀，多幅作品留校。

作品名称：《春蕊香》　**材料**：丝　**尺寸**：160cm×230cm

姓名：陈霞
国籍：中国

简历：西安美术学院服装系副教授，现西安美术学院美术学博士在读。

作品名称：《和合》　**材料**：真丝

姓名：蔡玉珊
国籍：中国

简历：现任辅仁大学副教授。
曾从事法国雷诺汽车椅布设计和织艺创作。
近期完成中国台湾少数民族13族经典织物技术的分析与保存工作。

作品名称：《泰雅族北势群直条纹布(三综)》　**材料**：棉　**尺寸**：66.5cm×79.5cm×3cm

ARTIST NAME: Dian Widiawati
COUNTRY: Indonesia

CURRICULUM VITAE:
Exploration of waste Coir (Cocos Nucifera) as Textile raw material alternative (Research Excellence-ITB)(2007).
Utilization of waste yarn for Knitting Central product development (case study: Sentra Binong Jati Knit) (Research Excellence-ITB)(2009).
The utilization of waste products in the commodity tile creative industries (2010-2011).

ARTWORK TITLE: White on White III MATERIAL: Kenaf fiber SIZE: 20cm x150cm

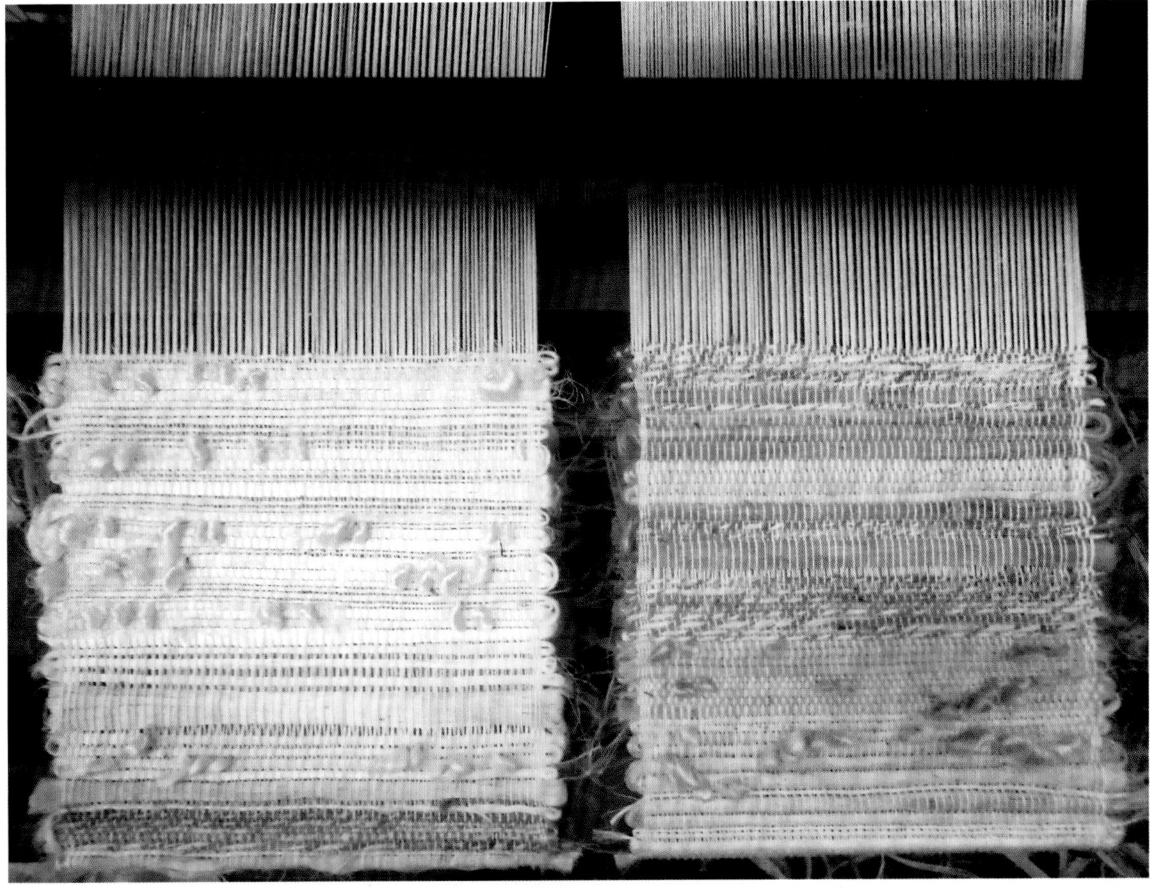

ARTIST NAME: Dian Widiawati
COUNTRY: Indonesia

CURRICULUM VITAE:
Exploration of waste Coir (Cocos Nucifera) as Textile raw material alternative (Research Excellence-ITB)(2007).
Utilization of waste yarn for Knitting Central product development (case study: Sentra Binong Jati Knit) (Research Excellence-ITB)(2009).
The utilization of waste products in the commodity tile creative industries (2010-2011).

ARTIST NAME: Nisa Fardani
COUNTRY: Indonesia

CURRICULUM VITAE:
Paper Waste processing to make paper and waste into products of Creative Economy (Research Excellence-ITB) (2010) Researcher for Batik Summit Blue Print (2011) The application of the concept of eco-design by utilizing of solid waste fibrous paper factory West Java as an alternative raw materials textiles (case study: weaving low industries in Majalaya) (The national strategy) (2012).

ARTWORK TITLE: Kawung on Woven Paper
MATERIAL: solid waste tissue fiber dan cotton yarn, with natural dyes of Indonesia **SIZE:** 300cmx55cm

姓名：邓晓珍
国籍：中国

简历：毕业于清华大学美术学院染织服装艺术设计系，主要研究方向为室内纺织品的整体配套设计，现任教于北京服装学院艺术设计学院纺织品艺术设计专业。

作品名称：《悠•游》　**材料**：桑蚕丝纤维、羊毛纤维等　**尺寸**：80cm×80cm

姓名：高强
国籍：中国

简历：西安美术学院服装系服装设计与工程教研室主任，中国职业装协会副主任委员。
设计作品《暖冬》、《相遇》、《"俑"动时尚》、《自由自在》、《碰撞》、《彝韵》，先后荣获多项国际、国内服装设计大赛金、银、铜及优秀奖。

作品名称：《蓝•韵》 **材料**：编织绳、闪光网 **尺寸**：96cm×40cm×40cm

姓名：高山
国籍：中国

简历：生于1972年，苏州大学设计艺术学硕士，安徽农业大学轻纺工程与艺术学院副教授，研究方向为纺织美术。纤维艺术作品《蓝上蓝》入选第七届“从洛桑到北京——国际纤维艺术双年展”，发表论文十余篇，现为清华大学染织服装艺术设计系访问学者。

姓名：袁金龙
国籍：中国

简历：生于1977年，江南大学硕士，安徽农业大学轻纺工程与艺术学院讲师，研究方向为艺术设计理论及应用。作品《二次牛仔》获第四届安徽省美展•艺术设计展铜奖；纤维艺术作品《蓝上蓝》入选第七届“从洛桑到北京——国际纤维艺术双年展”。

作品名称：《商》　**材料**：棉布　**尺寸**：70cm×75cm

姓名：龚雪鸥

国籍：中国

简历：作品《古风》、《彩虹糖的梦》分别入选《纺织艺术设计 2010年第十届全国纺织品设计大赛暨国际理论研讨会作品集》、《纺织艺术设计 2012年第十二届全国纺织品设计大赛暨国际理论研讨会国际植物染作品集》；作品《六艺》入围第十一届“全国美术作品展览”。论文多次获得个人优秀奖。

作品名称：《玄》 **材料**：羊毛 **尺寸**：160cm×90cm

ARTIST NAME: Heini Ruuskanen
COUNTRY: Finland

CURRICULUM VITAE:
Heini Ruuskanen is 29 years old visual and textile designer from Finland. She has graduated from Aalto University School of Arts, Design and Architecture year 2011. She has Master's degree in Txetile Art and Design. Since graduation she has been working as an independent freelancer designer doing textile, visual and graphic design.
Heini Ruuskanen draws her ideas from the pure Finnish nature and people around her. Patterns and surfaces interests her greatly.
Jacquard design fascinates her because of the complexity of the technique.
It is like painting with yarns.

ARTWORK TITLE: Reflections **MATERIAL:** 100% Trevira CS polyester **SIZE:** 100cm×70cm

姓名：何文才
国籍：中国

简历：先后毕业于广州美术学院、韩国东亚大学，硕士，现任广州美术学院外聘教师。
主要展示经历：
“中韩纤维艺术交流展”
第36回“釜山美术大展”
第11回“益山韩国工艺大展”
第12回“益山韩国工艺大展”
第七届“从洛桑到北京——国际纤维艺术双年展”
“何文才个人艺术展”（两回）

作品名称：《启动》　**材料**：棉线、毛线　**尺寸**：157cm×175cm

ARTIST NAME: Irfa Rifaah M.DS
COUNTRY: Indonesia

CURRICULUM VITAE:
She studied Bachelor Textiles of Craft, at Bandung Institute of Technology (ITB). After that, she continued studied Master Design in ITB and finished in April, 2011. She worked as a lecture in Bandung and continued the Batik Business "Sekaten" in Solo after her mother and her grandmother.

ARTWORK TITLE: Jerat Flora MATERIAL: ribbons SIZE: 20cm×20cm×17cm , 20cm×13cm×7cm

ARTIST NAME: Iris Tanttu
COUNTRY: Finland

CURRICULUM VITAE:
she is a textile designer currently doing her MA-studies at
Aalto University School of Arts, Design and Architecture.she is also a milliner. Finnish nature is an important source of inspiration for her in her works.
Her aim is to present it by textile in a way that viewers can feel its strong and magical spirit.Techniques she use are mainly weaving and knitting and she often mix different techniques.

ARTWORK TITLE: Under the Spell of Nature—A Rag Rug Collection (Luonnon Lumoissa)
MATERIAL: cotton rag,organza strips,jute (wefts) and fish wire (warp)
SIZE: 300cm×60cm, 160cm×80cm

姓名：贾京生
国籍：中国

简历：清华大学美术学院教授，硕士生导师。
北京服装学院客座教授，中国家用纺织品艺术文化专业委员会委员，中国家纺流行趋势研究员。中国流行色协会理事、色彩教育委员会委员。劳动部家纺设计师职业考评员。教育部高校文科计算机教指委艺术类委员会委员。

作品名称：《禅•境》 **材料**：羊毛 **尺寸**：110cm×110cm

姓名：贾玛莉
国籍：中国

简历：2007年12月，参加台中县立文化中心“台湾染织协会纤维艺术展”蓝靛梭织餐桌垫组。
2008年4月，参加彰化县文化局“纤语——纤维艺术展”双重织色彩游。
2008年 12月，参加台中县立文化中心“台湾染织协会纤维艺术展”双重织色彩游。
2009年8月，参加台中市文英馆“纤语——纤维艺术展”双重织rosepath路径。
2011年4月，参加“法国拉罗谢尔ISEND 2011天然染色织品双年展”。

作品名称：《巢穴》 **材料**：羊毛、苧麻、亚麻 **尺寸**：65cm×180cm

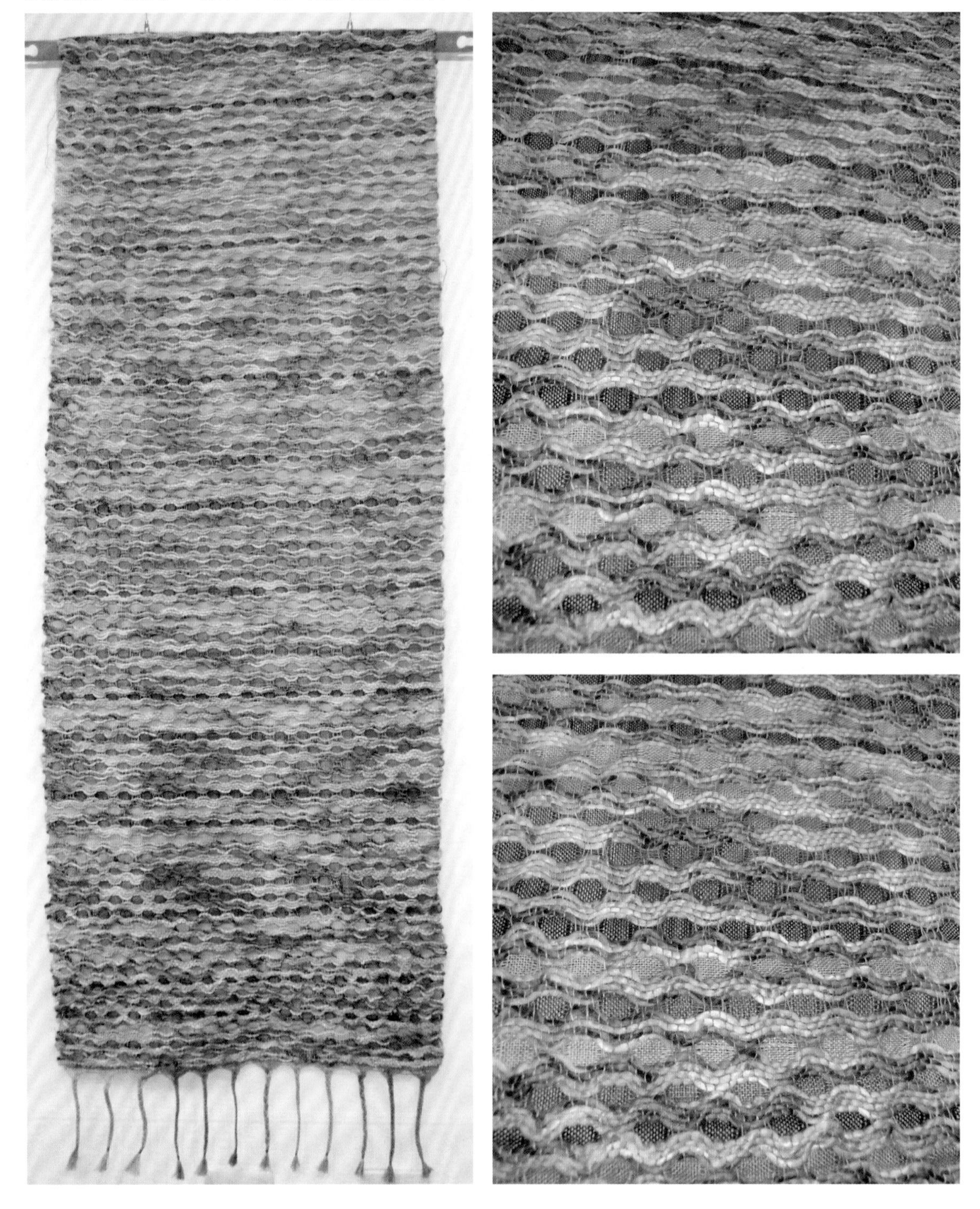

ARTIST NAME: John Martono
COUNTRY: Indonesia

CURRICULUM VITAE:
2010 Second Prize, silk design competition Asean, Bangkok,Thailand.
2011 Asian Art Exhibition, Nepal.
2011 International Fiber Art Exhibition, Jogyakarta.
2011 Presentation for Indonesian Contemporary Fiber Art Exhibition, Jogyakarta.
2011 Contemporary Fiber Art Exhibition, Edwin Gallery, Jakarta.
2012 Contemporary Craft Exhibition, Gallery Nasional, Jakarta.

ARTWORK TITLE: The Song of Yesterday **MATERIAL:** wasted pieces of batik fabric **SIZE:** 100cm×150cm

姓名：姜图图等师生创作小组
国籍：中国

简历：姜图图，1974年出生于浙江，现为中国美术学院设计艺术学院染织服装系副教授。
中国传统文化艺术中抽象凝练的意境和繁复华美的厚重都是作者进行创作的理念源泉，作品从细节、结构和装饰语言上都表达了这种矛盾并置的微妙处理——以简洁表现华丽和厚重，以繁复传达纯粹；体现“传统”、“现代”和“个性”三者结合的创作理念。

作品名称：《山水•潮》 **材料**：纺织材料 **尺寸**：100cm×300cm

姓名：贾未名
国籍：中国

简历：西安美术学院服装系讲师。2000年，毕业于上海东华大学服装设计专业，毕业后在西安美术学院服装系任教至今。2004年，作品《戏影》曾入选第十届“全国美术作品展”。2007年，作品《山水印象》入选“FASHION•ART中韩服装设计邀请展”。2009年，作品《鱼•意》入选第十一届“全国美术作品展”。曾发表论文多篇，并参与编写服装高等教育“十五”部委级规划教材《服装表演•策划•训练》。

作品名称：《繁花》　**材料**：雪纺　**尺寸**：200cm

姓名：林汉聪
国籍：中国

简历：2009年，韩国东亚大学艺术学院纤维造型艺术专业，本科毕业。
2011年，韩国东亚大学艺术学院纤维造型艺术专业，硕士毕业。
现韩国东亚大学艺术学院纤维造型设计学科设计学博士研究生在读。
从2007年至今多次参加国内、外各大型国际艺术大赛并获得铜奖、优秀奖、特别奖等多个奖项；现为韩国釜山纤维造型艺术协会会员、韩国国际编织艺术协会会员、广州华南农业大学艺术学院教师。

作品名称：《想象》　**材料**：毛线、丝线　**尺寸**：160cm×150cm

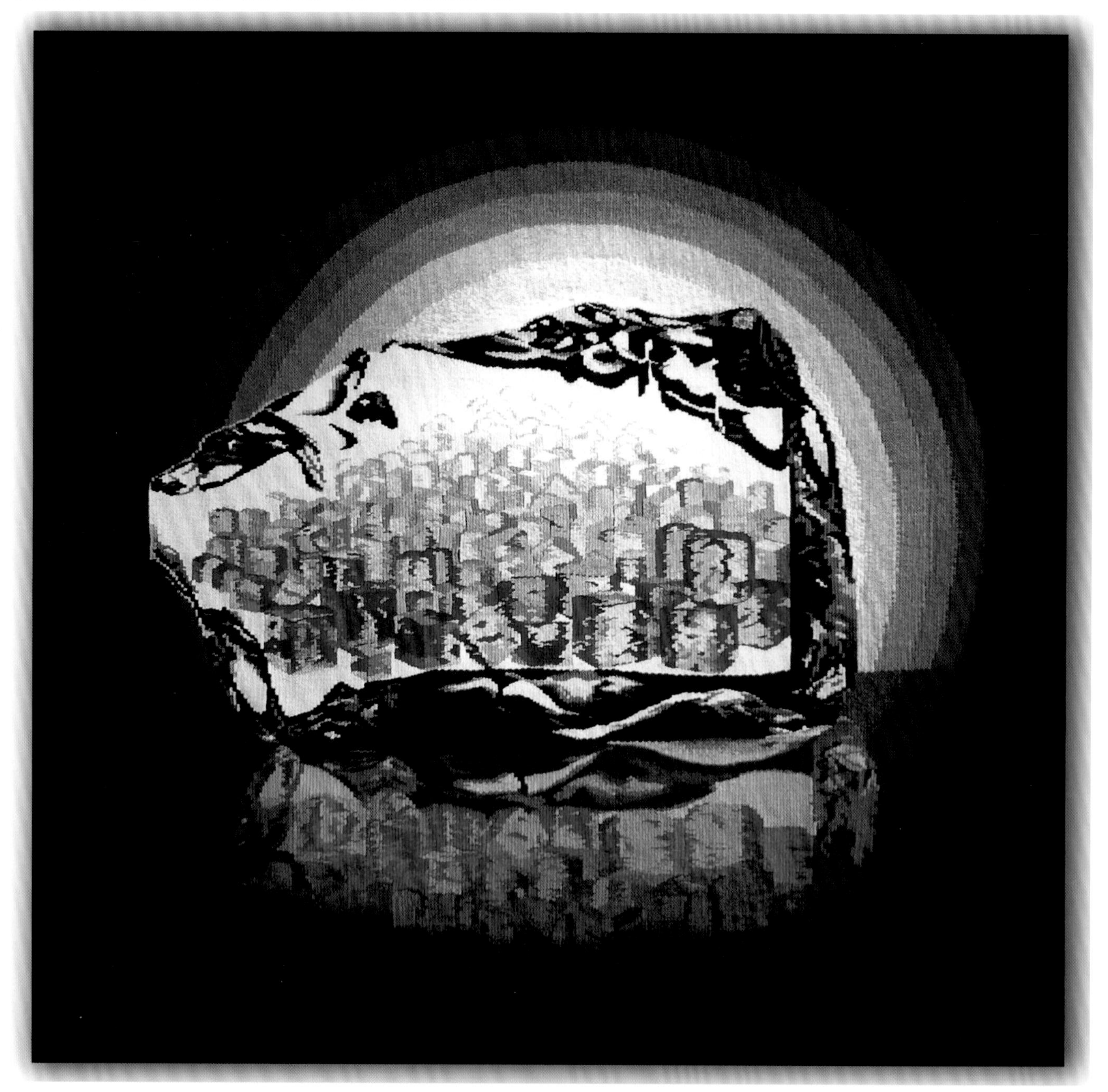

姓名：刘俊卿
国籍：中国

简历：1965年生于中国台湾。
亚洲大学数字媒体设计学系研究所硕士班时尚设计组二年级研究生，卓也小屋手工坊设计师。
主要研究方向为植物染、蓝染教学、产品设计、创作。

作品名称：《塑袋》 **材料**：香蕉丝、棉布、麻布、丝布、铜片、珠饰 **尺寸**：26 cm×28 cm×23cm

姓名：刘美铃

国籍：中国

简历：早期在医院做行政工作，离职后，开始从事文化工作进而接触蓝染与织，并开始学习染织。虽没有大量的作品，但有少量较好的作品，因其多年从事行政工作，少有时间搞创作，期望今后能有多样的创作作品。

作品名称：《水波》　**材料**：手工麻布　**尺寸**：80cm×170cm

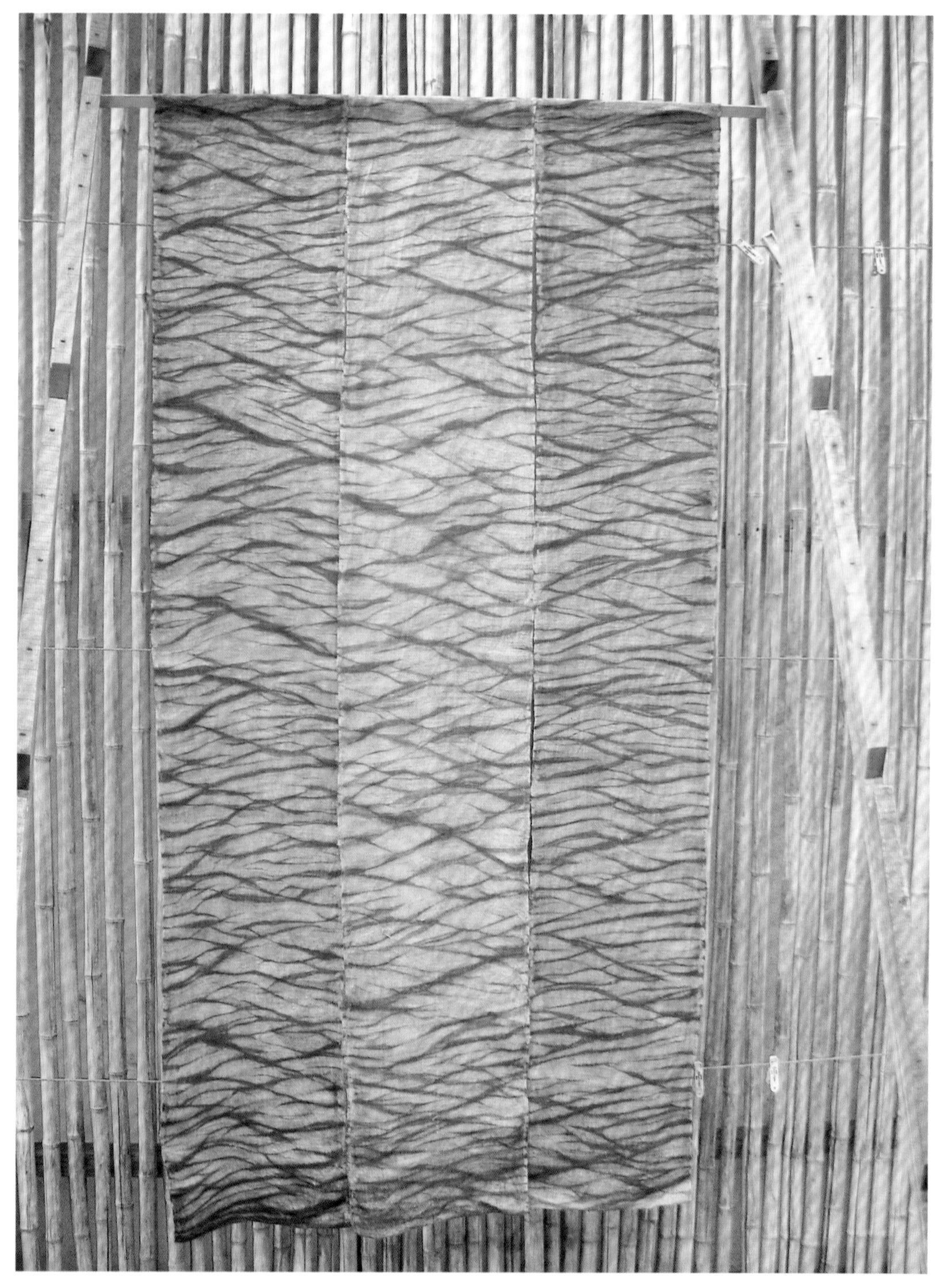

姓名：赖美智
国籍：中国

简历：出生于中国台湾中部。
任皇绮名品屋服装设计师，台湾蓝四季研究会会员。
现就读于亚洲大学创意设计学院研究所。

作品名称：《朝夕•灯》 **材料**：棉线 **尺寸**：15cm×39cm、25cm×9.5cm×20cm、25cm×9.5cm×27cm

姓名：刘娜

国籍：中国

简历：多次参加“从洛桑到北京——国际纤维艺术双年展”，获铜奖一次、优秀奖三次。
作品入选第八届“世界绞缬染织研讨会主题展”、“国际拼布艺术展”、“国际植物染艺术展”等；出版物有《刘娜纤维造型艺术作品集》一书；论文多次收录在国际性研讨会论文集中。

作品名称：《小隐》 **材料**：马海毛线、羊仔毛线 **尺寸**：110cm×110cm

姓名：林绮芬
国籍：中国

简历：任教于广州美术学院艺术设计讲师，硕士学位。主要研究方向为家用纺织品设计。

作品名称：《菊珊瑚》 **材料**：螺纹袖口、棉花 **尺寸**：100cm×55cm

Knob coral in deep sea
深海中的菊珊瑚

Art of rib knitted wristband

KNOB CORAL

菊珊瑚

化废为宝的乐趣

我们经常会见到一大堆废旧的衣服被扔掉，好不可惜。
如何化废为宝呢？当我第一眼见到奇妙的菊珊瑚，
好似见到神造的罗纹袖口。
剪下废旧衣服上的罗纹袖口，稍微加工，
它们就能成为人造的菊珊瑚了。

Happy Discovery in Recycle

So many clothes have been thrown , what a pity of them.
How can we make a benefit from those abandoned clothes ?
When I saw the knob coral at first sight , I found that it is very fantastic ,
just like the rib knitted wristband which made by GOD !
So , let's cut down the rib knitted wristbands from the abandoned clothes ,
with a simple process , and then ,
look , it is a man-made knob coral !

Knob coral made from
rib knitted wristband
罗纹袖口人造菊珊瑚

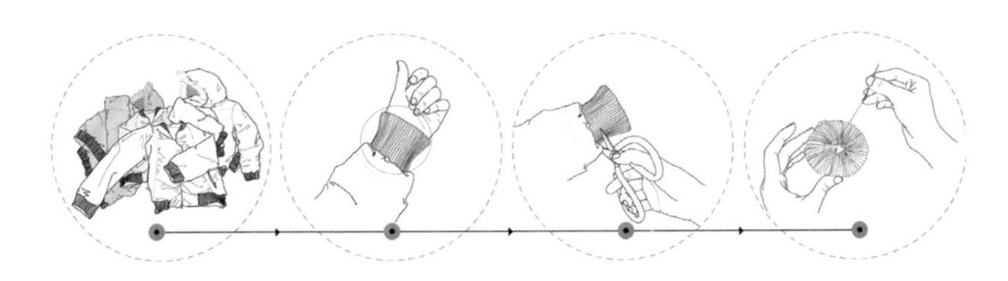

姓名：李晰
国籍：中国

简历：博士，副教授。1999年，毕业于西安美术学院工艺系染织设计专业，获学士学位。2004年，任西安美术学院服装系纺织品艺术设计教研室主任职务。
2006年，被陕西省人民政府国际中心授予“中国陕西百位中青年文化名人”称号。
2007年，毕业于西安美术学院服装系服装设计专业，获硕士学位。2010年，毕业于西安美术学院美术学专业，获博士学位。

作品名称：《拼图游戏》 **材料**：纺织纤维 **尺寸**：90cm×180cm

姓名：李迎军
国籍：中国

简历：服装设计学硕士，清华大学美术学院副教授。
致力于“民族文化与服装设计”的研究，设计作品《绿林英雄》、《线路地图》、《精武门》、《满江红》、《美人计》、《霸王别姬》荣获多项国际、全国专业设计比赛金、银及国家奖。

作品名称：《毡衣无缝》　**材料**：毛线、毛毡

姓名：吕兆宏
国籍：中国

简历：2002年，台南艺术学院应用艺术研究所纤维组毕业。
2003年，获得第十一届“台湾工艺设计竞赛”优选，第七届“编织工艺奖”纤维艺术创作类首奖。
2007年，获得第九届“编织工艺奖”纤维艺术创作类参奖。
2010年，获得“台湾工艺竞赛”传统工艺组二等奖。
2012年，获得“台湾工艺竞赛”传统工艺组佳作奖。

作品名称：《花间飞舞》 **材料**：人造丝 **尺寸**：193 cm×160 cm

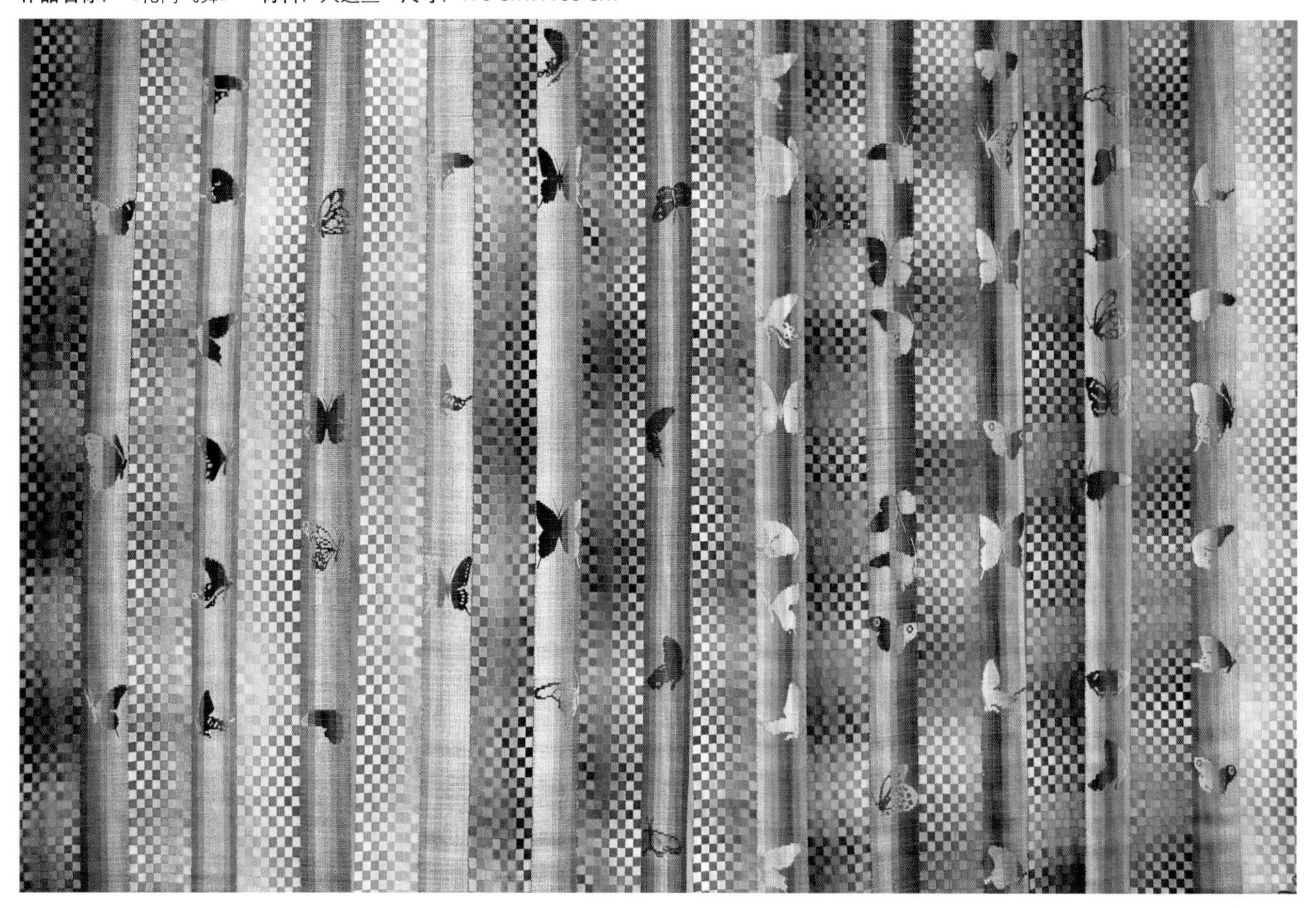

ARTIST NAME: Maija Järviniemi
COUNTRY: Finland

CURRICULUM VITAE:
she is a second-year student in Aalto University School of Arts, Design and Architecture (Helsinki, Finland) in which she study textile art.
In a design process she often find herself recreating the old to something new—both in the theme and procedure. Unusual aspects and going deep into the theme are her tools.

ARTWORK TITLE: Man-made Textile Collection
MATERIAL: wool, cotton, linen, horse hair, leather, viscose SIZE: 20cm×20cm

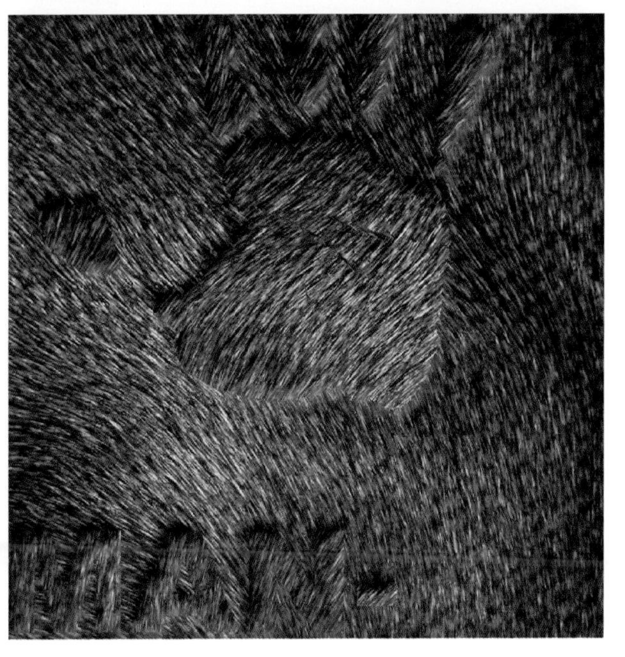

姓名：马芬妹
国籍：中国

简历：日本文化女子大学生活造型学科专攻织物毕业。现任中国台湾“东华大学”艺术学院艺术创意产业系兼任助理教授。致力于经纬梭织、植物染色、蓝靛染艺等研究教学与染织产品设计。出版物有《台湾蓝 草木情——植物蓝靛染色技艺手册》一书。

作品名称：《挂经指纬——纹织艺术挂饰》　**材料**：苎麻线　**尺寸**：360cm×200cm

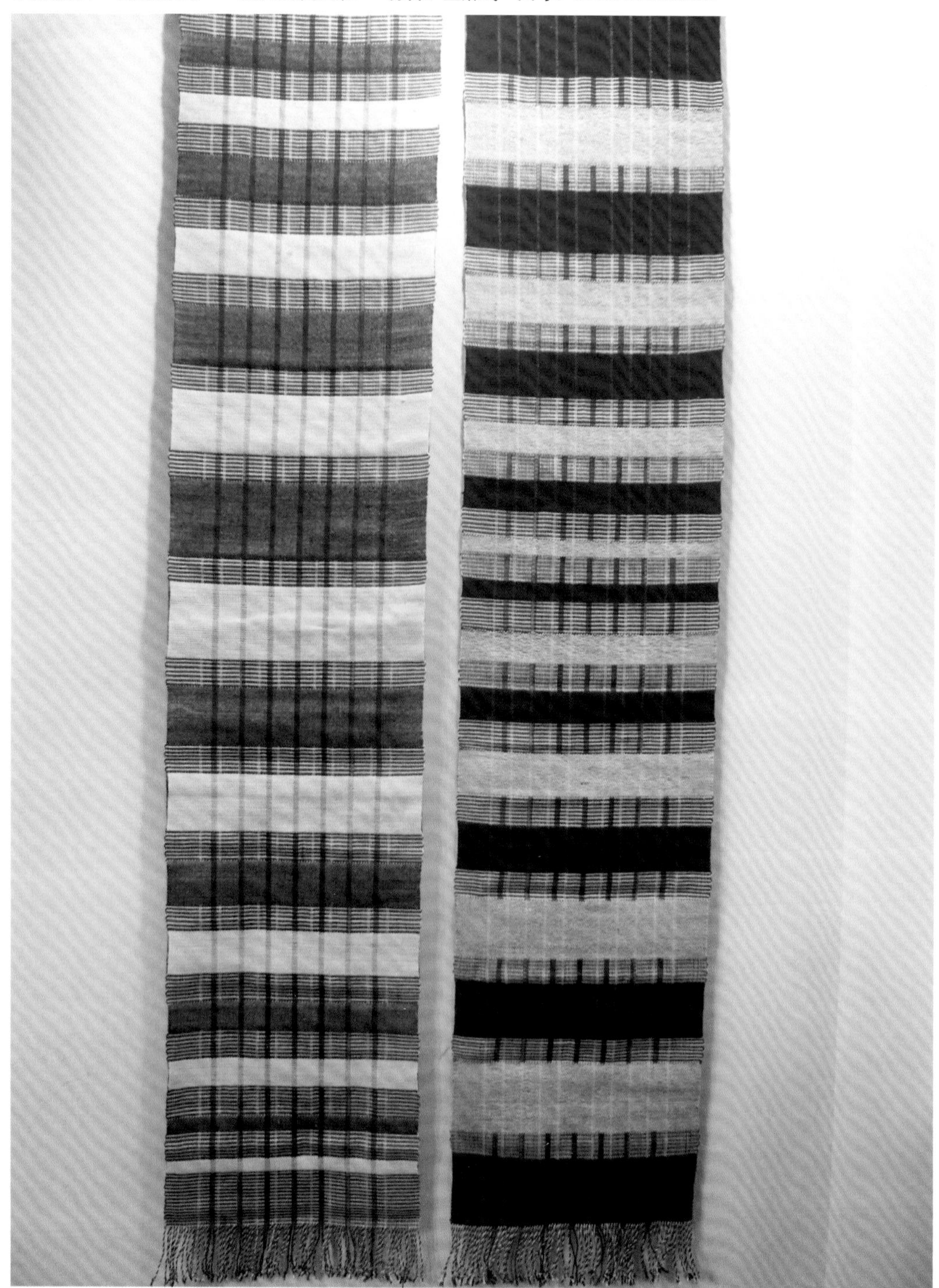

ARTIST NAME: Mukhayyo Aliyeva and Saodat Shakasimova
COUNTRY: Uzbekistan

CURRICULUM VITAE:
Muhayo Aliyeva is the founder of VELVETINE tailoring studio (atelier) and the brand name BIBI HANUM. The atelier was established in 2007.
Uzbekistan has a rich cultural heritage and the mission of the atelier is to preserve it. Therefore, the atelier is specialised in producing folk clothing as well as clothes with modern designs that are incorporated with traditional textiles. The atelier has earned many dedicated customers who started respecting the traditional textiles.

ARTWORK TITLE: Apparel **MATERIAL:** ikat **SIZE:** women' s / kids

姓名：马彦霞
国籍：中国

简历：天津美术学院服装与服饰系副教授。
中国工艺美术家协会会员。
中国美术家协会天津分会会员。
作品多次参加国际性大展并获奖，多篇论文发表在国家重点刊物，出版多部专业著作。

作品名称：《弹》 **材料**：毛 **尺寸**：80cm×100cm

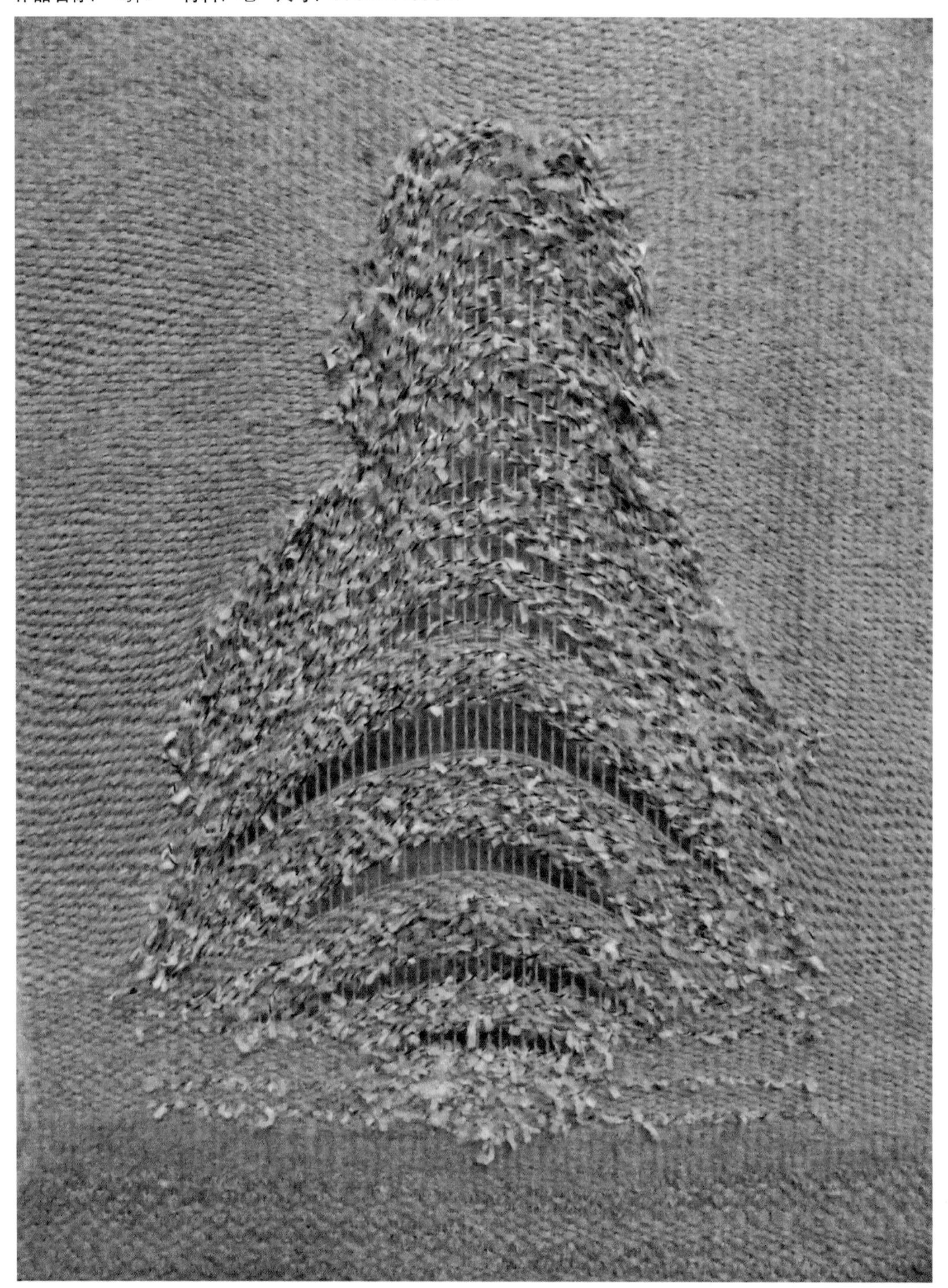

ARTIST NAME：박 민 경(朴敏京) Park Min Kyung

COUNTRY：South Korea

CURRICULUM VITAE：

Completed the course of Doctor, Plastic Design, Graduate School of Dong-A University.
"Formation" at the Textile Interchange Exhibition of Korea and China.
60th Anniverary The Dong-A University Alumni.
BIAF 2008 The Special Exhibition with UNICEF.
10 People 10 Color Korea and Japan Art Exhibition.

ARTWORK TITLE：Becoming　MATERIAL：wool, cotton　SIZE：110cm×145cm

ARTIST NAME：박수철(朴秀喆) Park Soo Chul

COUNTRY：South Korea

CURRICULUM VITAE：

Emeritus Professor (名誉教授), Fiber & Plastic Design,
College of Arts, Dong-A University.
President & CEO, Denter Busan.
The Dean of Fine Arts College in Dong-A University.
Senior Consultant of China Guangdong Home Textile Association.

ARTWORK TITLE：Birth Ⅰ，Ⅱ　MATERIAL：wool, cotton　SIZE：120cm×80cm×2

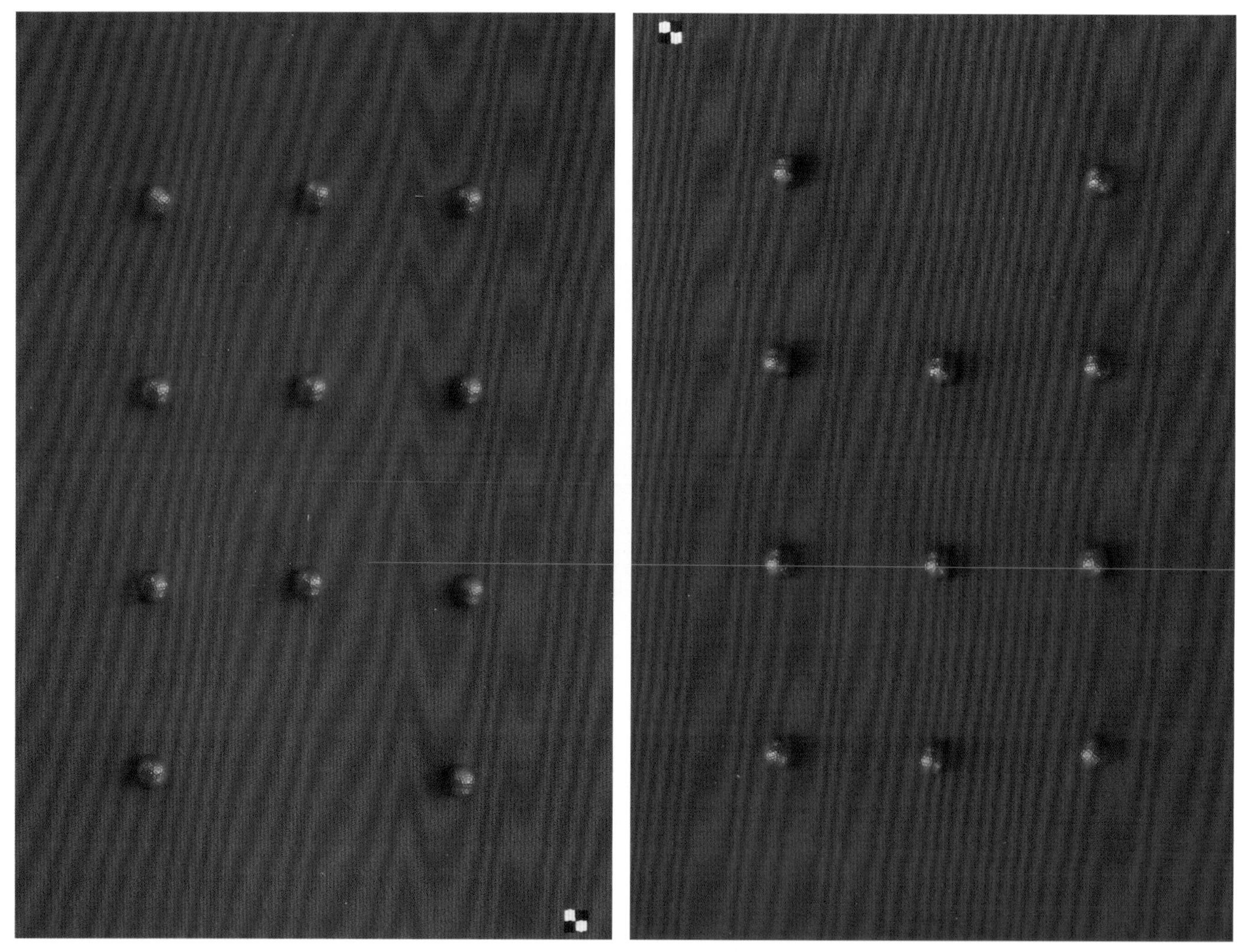

姓名：邱凤梓

国籍：中国

简历：2010年8月至今，任树德科技大学流行设计系助理教授兼系主任。
1998年7月—2010年1月，树德科技大学流行设计系专任讲师。
1995年9月—1998年6月，仪大股份有限公司设计企划部副理。
1993年5月—1995年6月，The Quest,USA Fashion department Designer。
1988年2月—1990年5月，伯融企业股份有限公司设计开发部副理。
1985年11月—1988年1月，ESPRIT, TAIWAN BRANCH Sampling department Coordinator。

作品名称：《望一穿》 **材料**：羊毛、蚕丝 **尺寸**：130cm×130cm

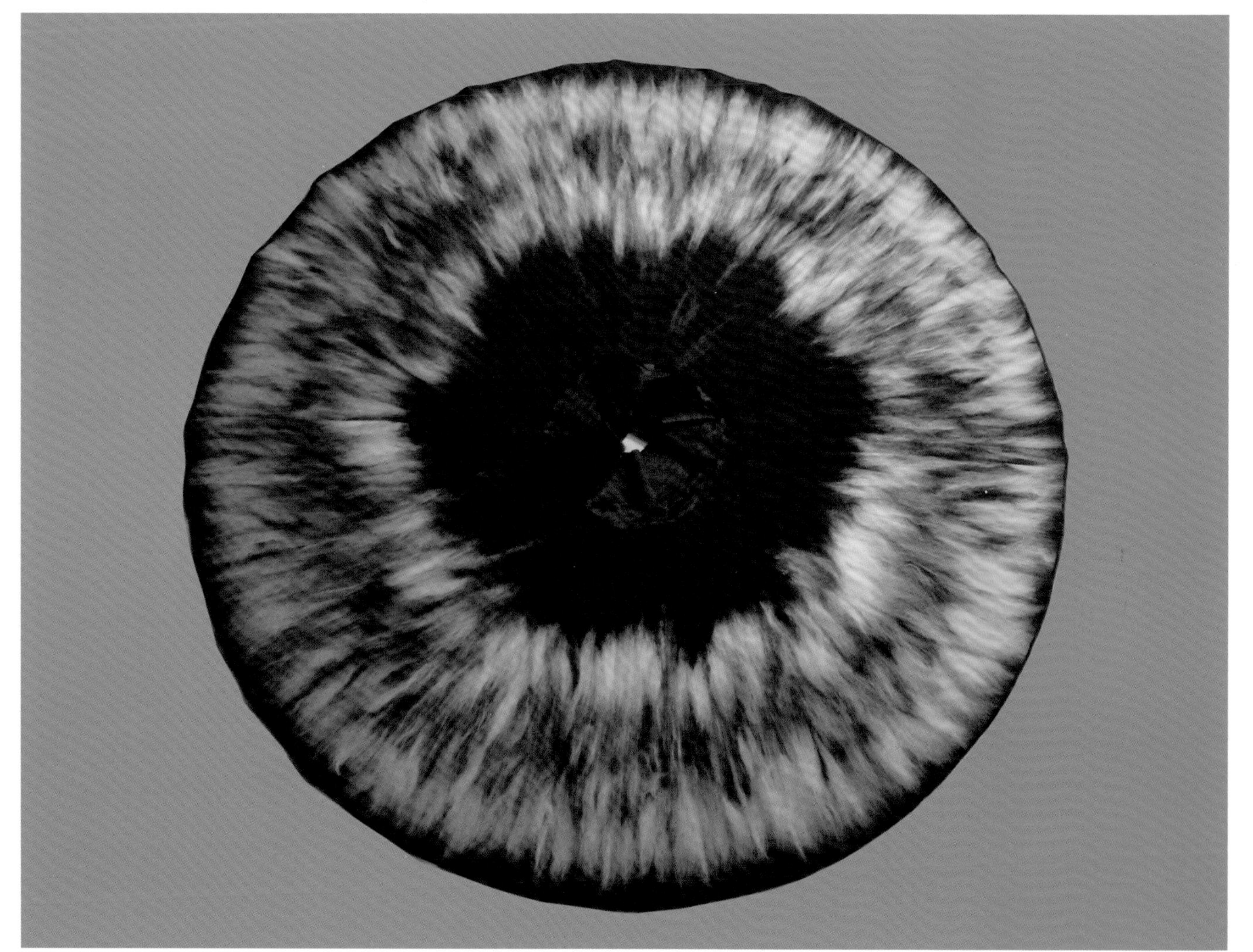

姓名：秦寄岗
国籍：中国

简历：清华大学美术学院染织服装系副教授。
从事专业教学与研究工作多年。

作品名称：《花开富贵》 **材料**：丝缎、珠片、丝线 **尺寸**：60cm×80cm

姓名：曲微微
国籍：中国

简历：东华大学纺织材料与纺织品设计专业硕士毕业。
2008年进入广州美术学院染织艺术设计专业织物设计工作室工作。
致力于纺织材料与纺织品的触觉感受研究。
期待在产业用3D织物的艺术化、生活化设计研究中有所突破。

作品名称：《线迹•遂空》　**材料**：网管、渔丝线　**尺寸**：200cm×45cm

ARTIST NAME: Rasuljon Mirzaahmedov
COUNTRY: Uzbekistan

CURRICULUM VITAE:
Rasul jon Mirzaahmedov,born in 1973,represents the fifth generation of ikat weaver in Margilan city,the most famous place for silk production in central Asia. He learnt the skills of ikat weaving from his father—Turghunbay Mirzaahmedov,who was a famous most recognized master of ikat weaving in Uzbekistan and around the world and from other master as well.

ARTWORK TITLE: Ikat Silk **MATERIAL:** silk

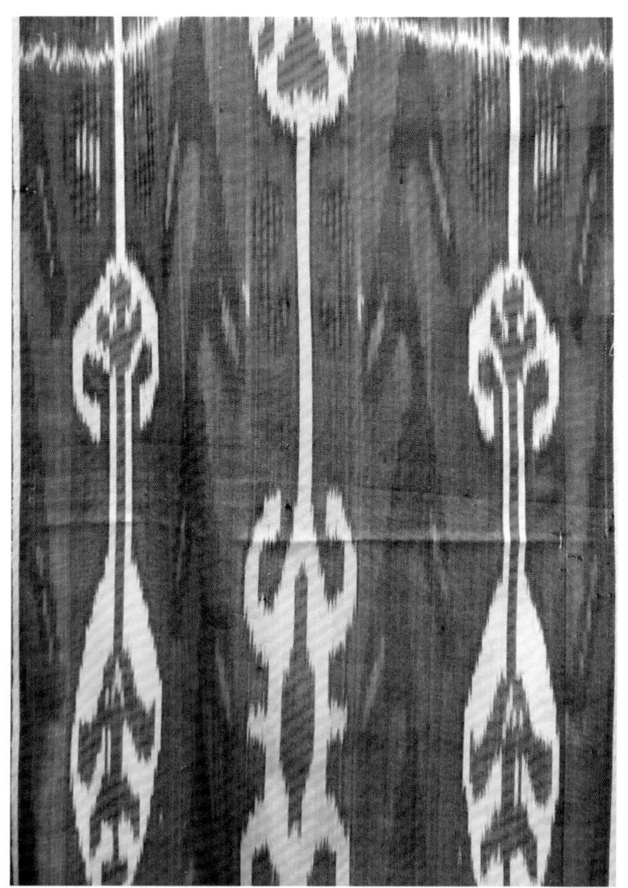

姓名：孙翠兰
国籍：中国

简历：学习天然染色至今十多年，目前从事天然染色的推广教学及商品开发与服装制作教学工作，作品以服饰及家居工艺品为主。

作品名称：《幸福旅人——圆梦》　**材料**：苎麻、丝棉

姓名：沈慧茹
国籍：中国

简历：目前任职于南投县立日新中学。
1994年至今，任四健会编织及蓝染组讲师。

作品名称：《双喜门联》 **材料**：苎麻线、丝棉线 **尺寸**：80cm×180cm

姓名：石历丽

国籍：中国

简历：硕士，西安美术学院服装系副教授、副主任，中国服装设计师协会会员。出版《服装面料再造设计》、《服装设计》，在《装饰》、《美术观察》等核心期刊发表论文多篇。获“亚洲纤维艺术展”优秀奖、“全国纺织品大赛暨国际理论研讨会”优秀奖、陕西艺术教育论文三等奖。

作品名称：《心随纸鸢》　**材料**：无纺面料　**尺寸**：98cm×72cm

姓名：史培勇
国籍：中国

简历：1999年，于中央工艺美术学院（现清华大学美术学院）染织艺术设计系获学士学位。2002和2010年，于韩国东亚大学艺术学院纤维造型设计学科分别获硕士和博士学位。现为广州美术学院工业设计学院副教授、硕士生导师。

作品名称：《酒杯、生活之间》 **材料**：毛线、银线 **尺寸**：97cm × 130cm

姓名：沈晓平
国籍：中国

简历：天津美术学院设计艺术学院服装染织设计系教授。
2007—2008年，新西兰尤尼泰克理工学院和奥克兰商学院访问学者及研修。
2008年，设计作品获“亚洲联盟超越设计展”最佳作品奖。
2008年，作品参展“中日纤维艺术交流展”。
2011年，作品参展“2011国际拼布艺术展”。
2012年，作品参展“2012国际植物染艺术设计大展”。

作品名称：《Maori纹风》 **材料**：棉线 **尺寸**：300cm×62cm

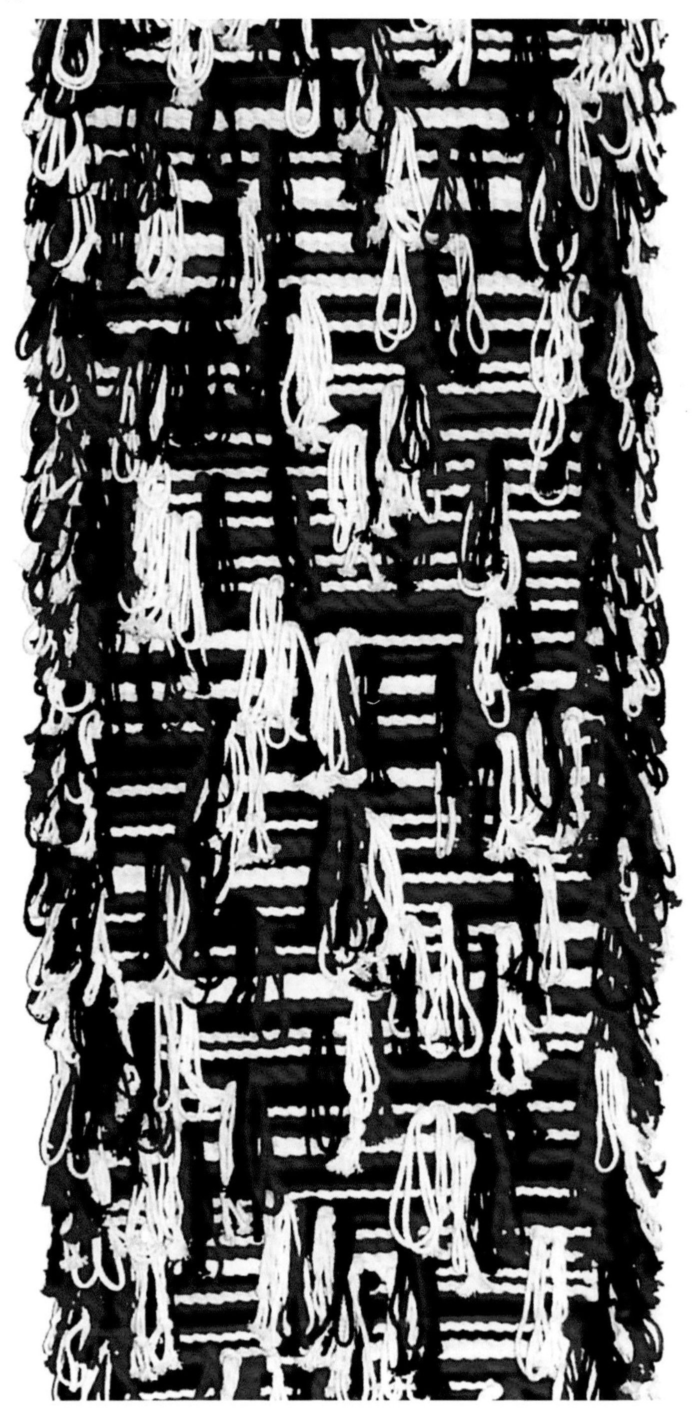

姓名：田青

国籍：中国

简历：清华大学美术学院教授，1953年生于北京。1982年毕业于中央工艺美术学院染织美术系并留校任教。现任清华大学美术学院染织服装艺术设计系教授、博士生导师。多年来一直从事染织艺术设计与教学工作，作品曾多次在国内外展出并获奖。系全国纺织教育学会理事；中国家用纺织品行业协会设计师分会副主席；中国流行色协会理事；中国科学技术协会决策咨询专家库专家等。

作品名称：《天水一色》　**材料**：羊毛　**尺寸**：120cm×240cm

姓名：田顺

国籍：中国

简历：毕业于清华大学美术学院染服系，获得学士、硕士学位，后从教于西安美术学院。2012年，考取清华大学美术学院博士研究生。作品多次参加国际、国内展览、比赛，获得金、银、铜等多项奖励。发表学术论文多篇，论文多次在国际理论研讨会中获奖。

作品名称：《皇帝的新衣》 **材料**：聚酯纤维 **尺寸**：200cm×220cm

姓名：汤文君
国籍：中国

简历：自然色手作坊负责人。
现在任中国台湾工艺文化园区生活工艺馆蓝染工坊工艺师。
从事染织十余年,以推广植物染色为主业。

作品名称：《低调的奢华》 **材料**：蚕丝、玻璃珠、金葱线 **尺寸**：20cm×3cm×12cm、35cm×45cm×14cm

姓名：王斌
国籍：中国

简历：2003年，中国天津美术学院服装染织艺术设计系毕业，获学士学位。
2008年，韩国东亚大学校研究生院纤维造型设计专业毕业，获硕士学位。
2008年至今，中国山东工艺美术学院现代手工艺术学院，讲师。
2009年至今，中国工艺美术学会纤维艺术专业委员会，会员。

作品名称：《2012三号》 **材料**：毛、棉、金属纽扣 **尺寸**：280cm×120cm

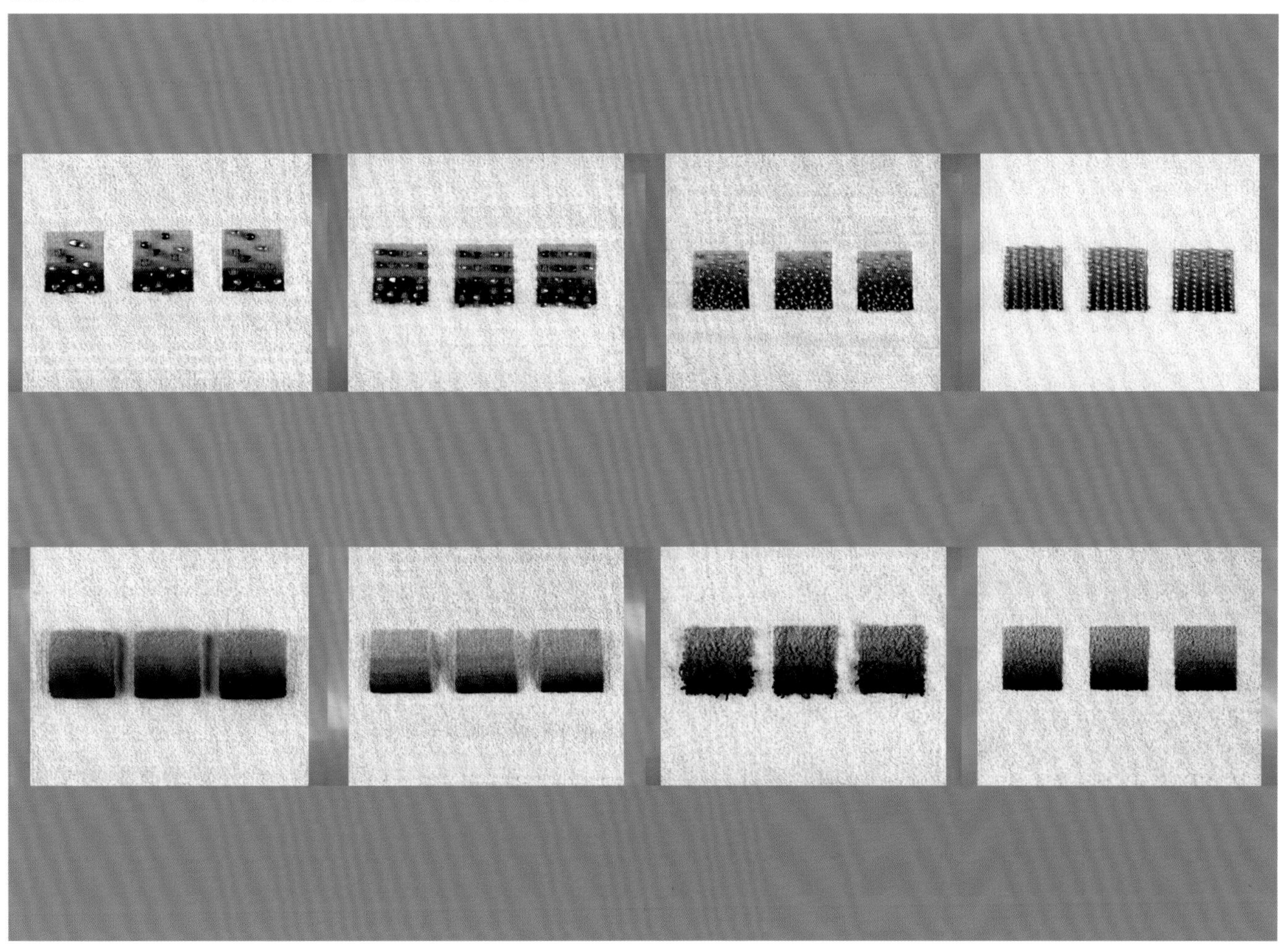

姓名：王海燕
国籍：中国

简历：1993年7月，毕业于天津美术学院服装设计专业。
2010年3月，取得天津工业大学服装工程硕士学位。
2006年至今，任教于天津工业大学服装设计专业。
撰写并出版多篇专业论文，完成多项教改及校企合作项目。

作品名称：《夏花》　**材料**：毛线　**尺寸**：130cm×40cm

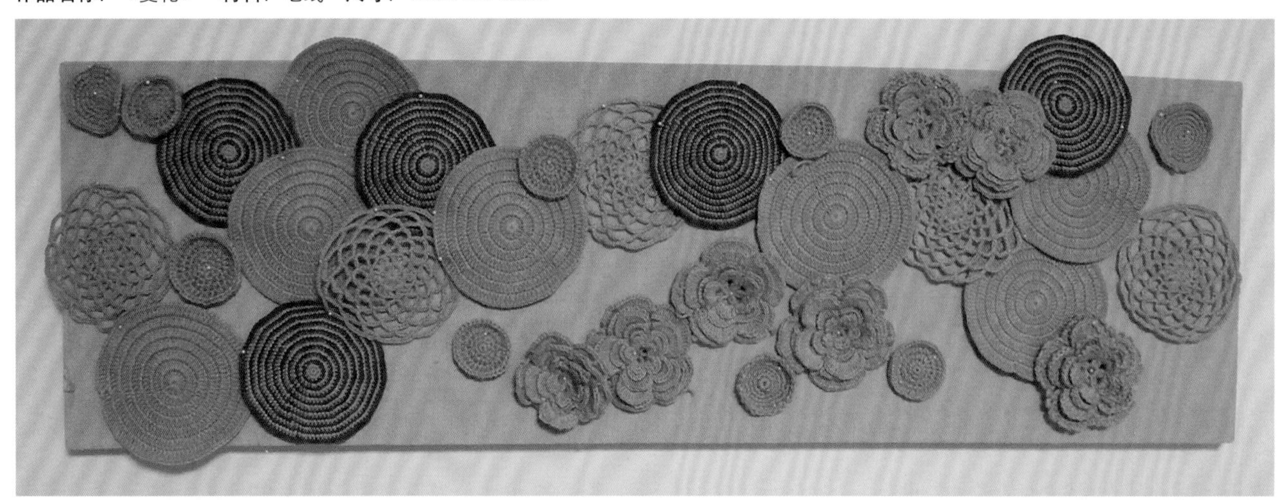

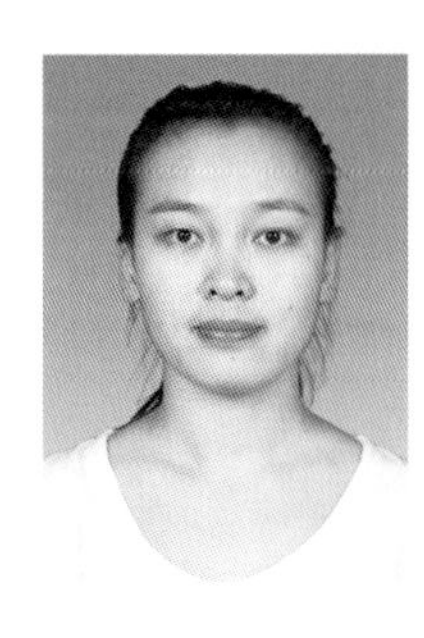

姓名：王晶晶
国籍：中国

简历：2001年，参加第二届"亚洲纤维艺术展"。
2009年，参加"中国国际家用纺织品创意设计、论文大赛"。
2009年，参加第十届"全国纺织品设计大赛暨国际研讨会"。
2010年，参加第七届"亚洲纤维艺术展"。
2012年，参加第十二届"全国纺织品设计大赛暨国际研讨会"。
2012年，参加"国际植物染艺术设计大展暨理论研讨会"。

作品名称：《成长》系列　**材料**：羊毛　**尺寸**：18cm×18cm×6

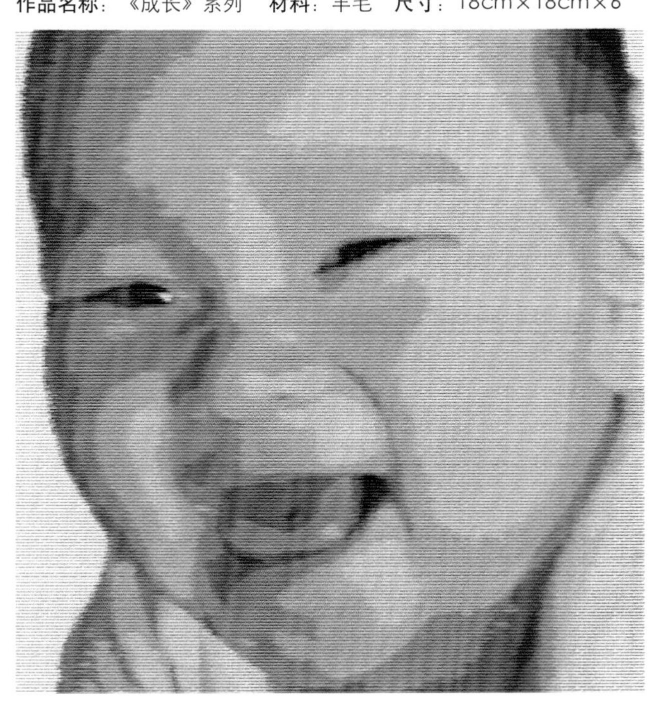

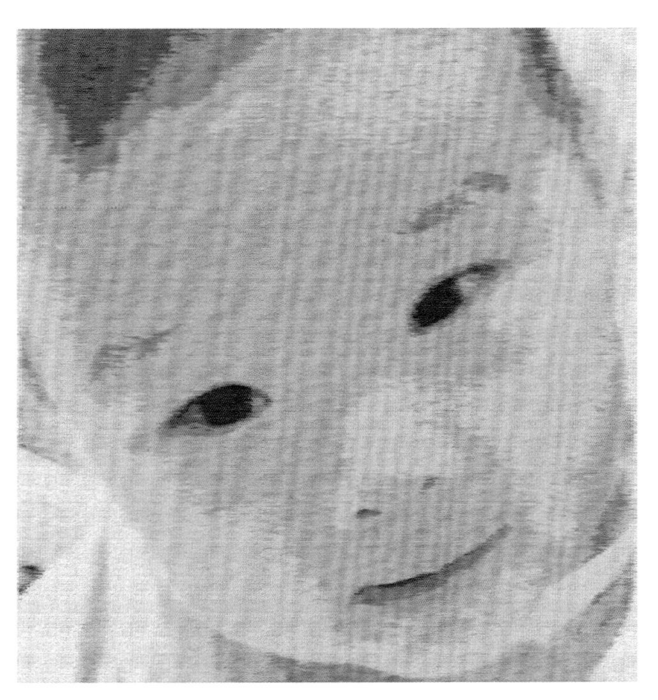

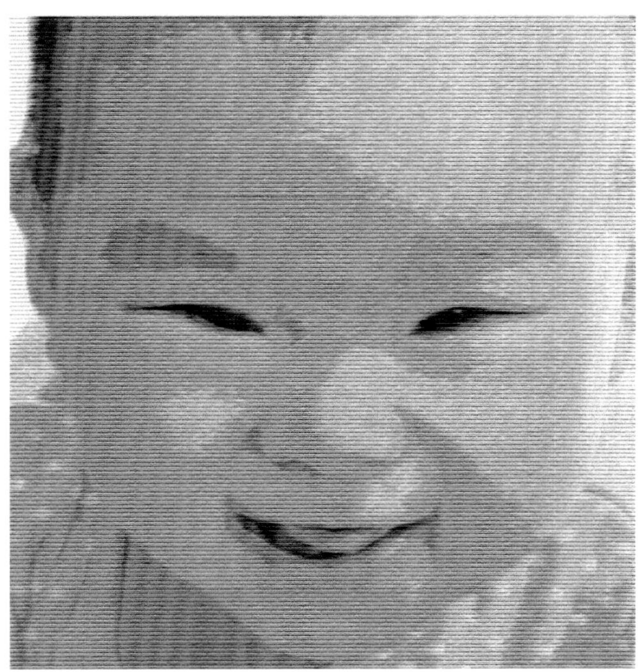

姓名：吴波
国籍：中国

简历：清华大学美术学院副教授。
作品多次参加“全国美术作品展览”艺术设计展，联合国教科文组织“DESIGN 21”设计大展，“艺术与科学国际作品展”，“亚洲纤维艺术展”，“国际纤维艺术双年展”，“首尔设计节”法、中、韩时装展，中国现代手工艺术学院展等中、外展览。

作品名称：《惊蛰》 **材料**：羊毛、麻、棉 **尺寸**：196cm×46cm×3

姓名：朱小珊
国籍：中国

简历：清华美术学院染织服装系副教授。
作品多次参加“全国美术作品展览”艺术设计展，“艺术与科学国际大展”，“中国当代服装文化展”，“国际纤维艺术双年展”，“首尔设计节”法、中、韩时装展等。
曾发表、出版“纸上的游戏”、“衣服中的情感”及《服装设计基础》、《服装配饰剪裁教程》、《艺术设计赏析》、《服装工艺基础》等论文和教材。

作品名称：《夏至》 **材料**：羊毛、麻、棉 **尺寸**：196cm×46cm×3

姓名：温练昌

国籍：中国

简历：清华大学美术学院教授，中国工艺美术学会地毯专业学会会长。

作品名称：《地毯》 **材料**：羊毛 **尺寸**：90cm×120cm

姓名：翁立娃
国籍：中国

简历：日本川岛织物学校毕业，中国台湾辅仁大学织品研究所毕业。
2008年，成立绿毛毡手织设计室，钻研羊毛毡复合媒材教学、织品创作、台湾少数民族染织文化研究。
2012年，在台湾明道大学流行时尚系兼任讲师。

作品名称：《织女的人生梦》 **材料**：手织布料、羊毛、线材、石头 **尺寸**：170cm×130cm×15cm

姓名：王丽
国籍：中国

简历：毕业于清华大学美术学院染织服装艺术系，硕士。北京服装学院讲师，北京服装学院TRENSTREND时尚趋势研发中心研究员。
2012年10月，担任北京服装学院自主品牌发布会“撷蓝唱婉”主创。
2011年10月，《Nocturne》系列服装参加韩国“Fashion Meets Jewelry”设计师邀请展。
2010年10月，担任“‘华彩意向’中国概念服装发布会”主创。

作品名称：《Mixing》 **材料**：羊毛线、玻璃丝、网纱 **尺寸**：45cm×80cm

姓名：吴亮

国籍：中国

简历：2001年，毕业于西安工程大学服装艺术设计专业，获得学士学位。
2010年，毕业于西安美术学院史论系，获得硕士学位。
西安美术学院服装系讲师。

作品名称：《银河》 **材料**：金属拉链、羊毛 **尺寸**：60cm×50cm

姓名：王庆珍
国籍：中国

简历：鲁迅美术学院染服系教授，硕士生导师，系主任。
纤维作品多次参加国际、国内展览。
先后于北京、沈阳、深圳举办个人纤维艺术作品展。

作品名称：《永叹调1、2》　**材料**：毛、棉纤维　**尺寸**：60cm×60cm

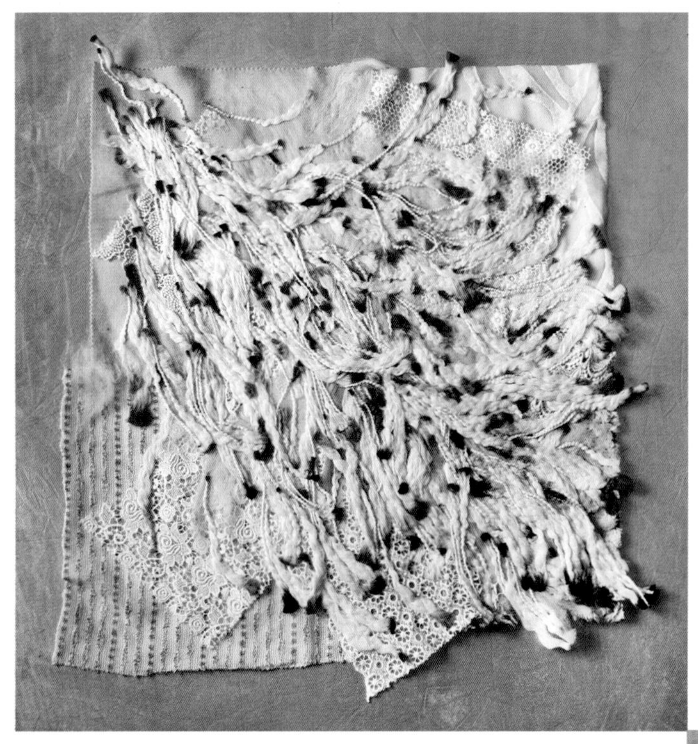

姓名：王巍

国籍：中国

简历：现为清华大学美术学院在读博士、副教授，中国美术家协会会员。2008年研究生毕业于中央美术学院，获硕士学位，2012年考取清华大学美术学博士，师从冯远先生。作品多次参加国际、国内展览并获奖，作品被中国美术馆、中央美术学院、中国国家画院美术馆、中国人民政协等多家机构和私人收藏。

作品名称：《五彩交响丝》 **材料**：丝棉、玻璃、色灯、宣纸 **尺寸**：150cm×50cm

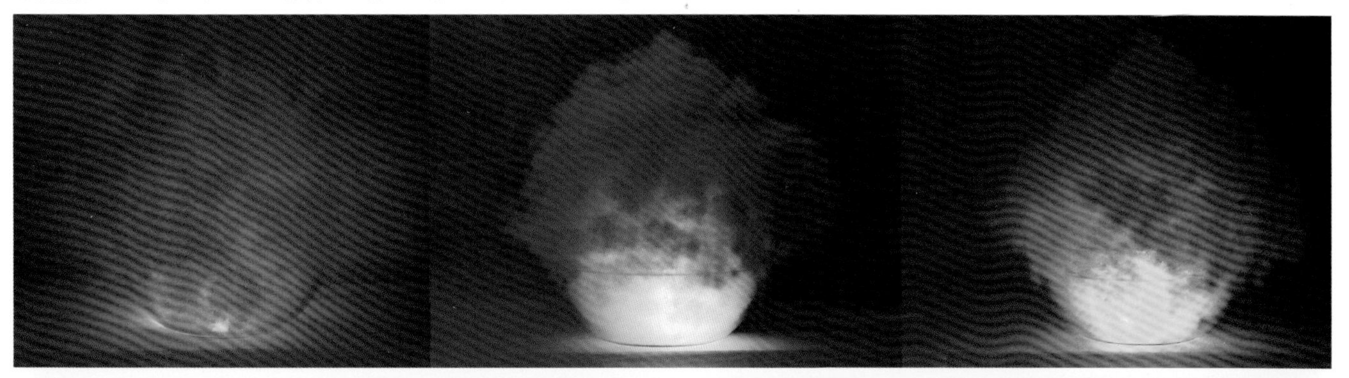

姓名：吴一源　于欢

国籍：中国

简历：吴一源——鲁迅美术学院（大连校区）软装饰设计工作室主任、副教授、硕士生导师。主持设计多家五星级酒店室内软装饰及地毯、壁毯设计方案。第五届（2010年）、第六届（2011年）“中国家纺产品设计大赛”评委。2011年合著由中国轻工业出版社出版的《CI视觉识别设计教程》。设计作品多次获奖，并大量销往国内外。

于欢——2012年毕业于鲁迅美术学院。在校期间成绩优秀，多幅作品留校。

作品名称：《梦天门》　材料：丝　尺寸：100cm×230cm

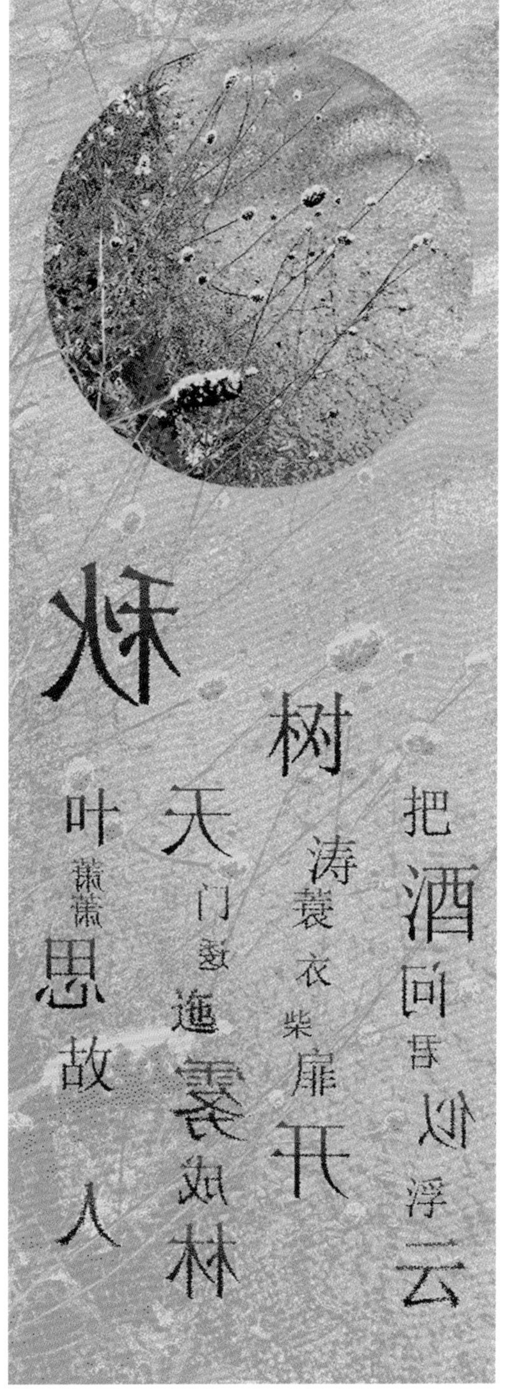

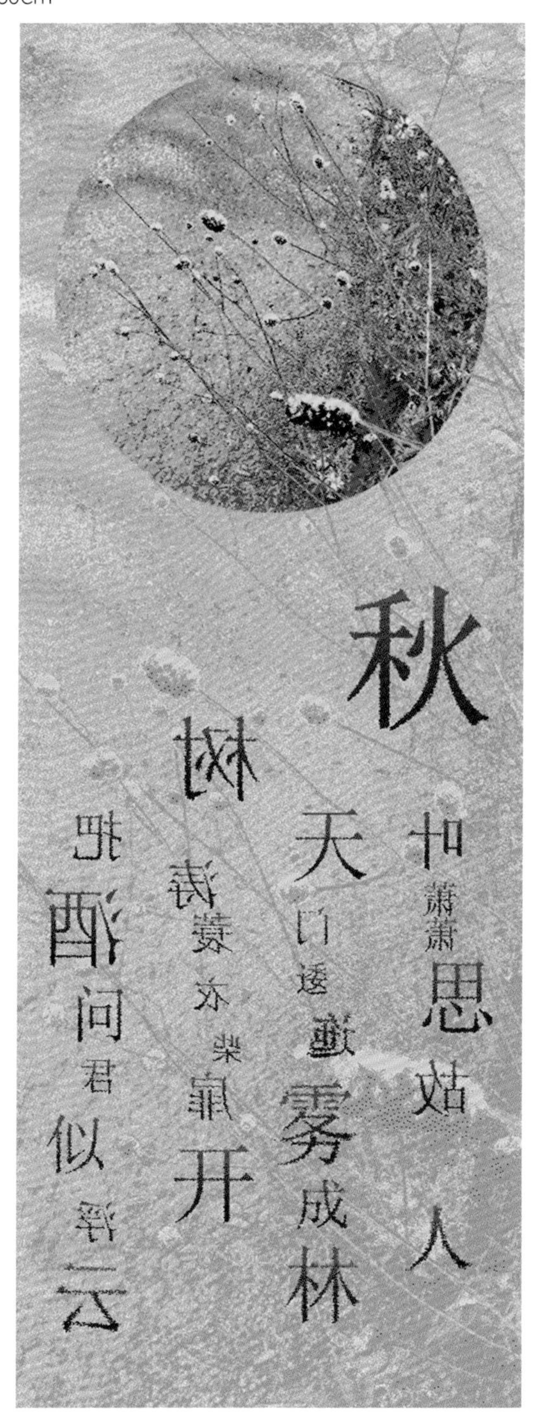

姓名：王志惠

国籍：中国

简历：1992年12月，毕业于中央工艺美术学院（现清华大学美术学院），获硕士学位。
1993年2月至今，在北京服装学院艺术设计学院担任副教授职务。
2004年，作为国家公派访问学者在日本东京艺术大学染织研究室学习研修一年。
2009年9月，中国科协学发「2003」096号文特颁发中国高级工艺美术师资格证书。画家作品多次参加国内外大展并获奖。

作品名称：《森的惠赐》　材料：羊毛　尺寸：36cm×50cm

姓名：新井淳一
国籍：日本

简历：多摩美术大学客座教授
香港理工大学名誉教授
英国王室工艺协会名誉会员
伦敦艺术大学名誉博士
日本服装产业协会参与

作品名称：《律动》　**尺寸**：150cm×150cm

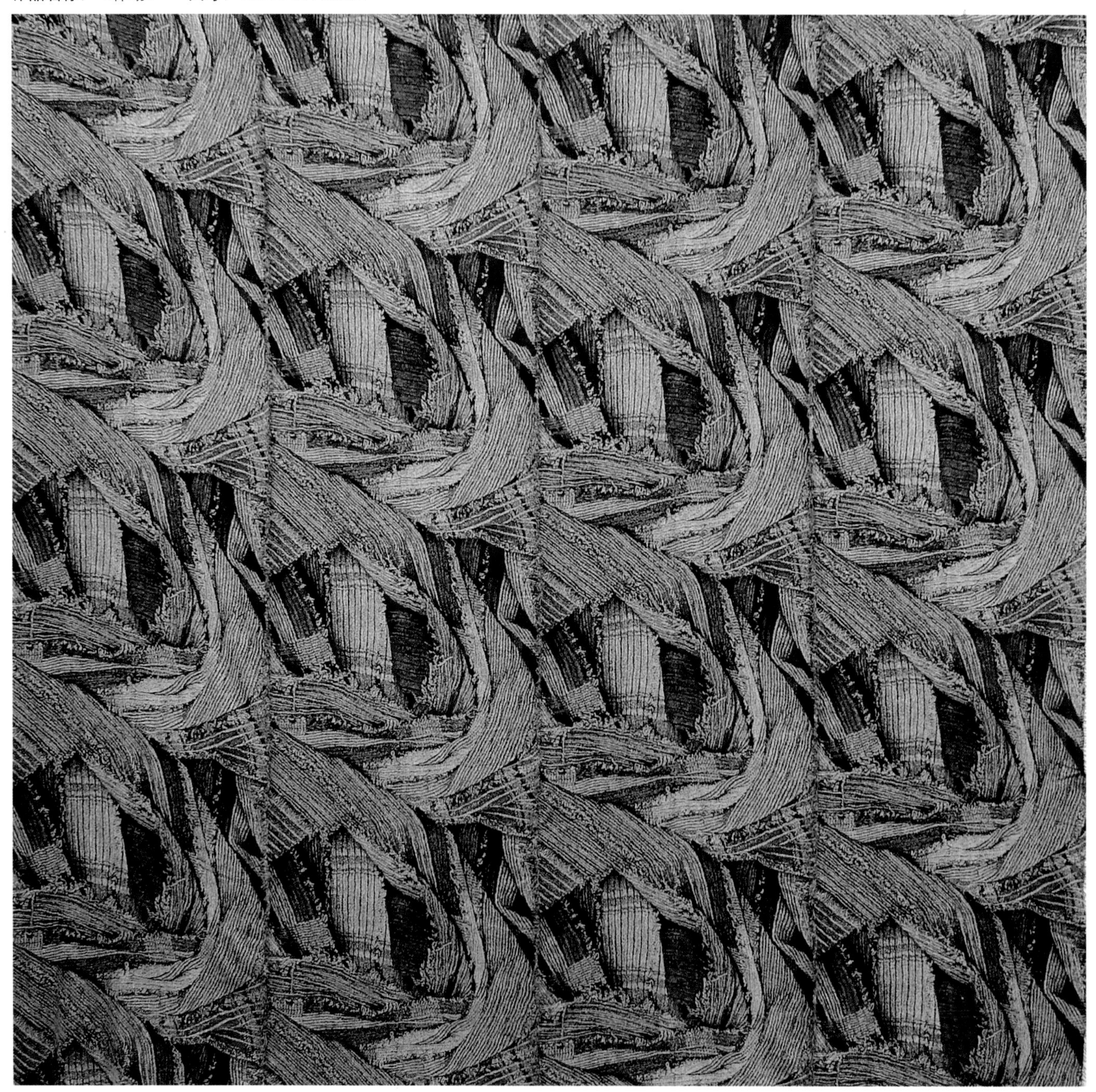

姓名：徐静丹
国籍：中国

简历：2012年至今，清华大学美术学院染织服装艺术设计系硕士在读。
2006—2012年，北京加鼎地毯有限公司设计部经理。
1999—2003年，在大连工业大学艺术设计学院攻读学士学位。

作品名称：《极光》　**材料**：羊毛　**尺寸**：80cm×120cm

姓名：萧静芬
国籍：中国

简历：现任职于台湾工艺研究发展中心技术组染织工坊。
亚洲大学数字媒体设计研究所时尚设计组进修中。
学习及制作植物蓝靛染色工艺十余年。

作品名称：《脉络》 **材料**：棉布、蓝靛染料 **尺寸**：70cm×80cm

姓名：谢雪君
国籍：中国

简历：现韩国东亚大学校艺术大学院纤维造型艺术学院，博士在读。
2011年，韩国东亚大学校艺术大学院纤维造型艺术学院，硕士毕业。
2009年，韩国东亚大学校艺术大学院纤维造型艺术学院，本科毕业。
2012年2月，参加二人展（韩国蔚山ARIOSO画廊）。
2010年9月，举办第一个个人作品展（韩国釜山海云台文化会馆）。
2010年6月，参加第13届“弘益纤维造型大赏展”入选。
2010年1月，参加第5届“韩国京乡美术大展”，荣获“特选”。
2009年12月，参加第10届“韩国工艺大展”，荣获“特别赏”。

作品名称：《中国结》 **材料**：毛线 **尺寸**：110cm×110cm

姓名：杨建军
国籍：中国

简历：清华大学美术学院染织服装艺术设计系副教授。
日本东京艺术大学客座研究员。
1964年1月生于北京。
1998年1月毕业于中央工艺美术学院获硕士学位并留校任教至今。

作品名称：《虚空》 **材料**：蚕丝 **尺寸**：180cm×180cm

姓名：杨锦雁

国籍：中国

简历：2010年，清华大学美术学院硕士研究生毕业。
作品《奇色异彩》2010年获“全国纺织品设计大赛”铜奖。
作品《山水之间》系列作品入选2010年“第七届亚洲纤维艺术展”。
作品《万物生》入选 2010年“从洛桑到北京——第六届国际纤维艺术双年展”。
作品《寻找香巴拉》入选“2011国际拼布艺术展——传承与创新”。

作品名称：《阿锦系列——6号》　**材料**：棉布　**尺寸**：100cm×160cm

姓名：游佳娸
国籍：中国

简历：树德科技大学流行设计系讲师。艺人服装造型设计师。
London College of Fashion，Textile & Fashion Collection Development and Market Research结业。

作品名称：花线•流蓝　**材料**：蚕丝、泰丝、网纱、新娘缎、印花棉布、双面麂皮　**尺寸**：40cm×160cm

姓名：阎秀杰
国籍：中国

简历：担任广州美术学院工业设计学院织物设计工作室主讲教师一职。曾先后发表《艺术设计院校织物设计教学研究》、《从“平面”走向“立体”——现代织物创新设计》等多篇论文，并获得国内外纺织品设计大赛奖项15次。

作品名称：《折•织》　**材料**：金属丝、绣花线　**尺寸**：15cm×20cm×1m（2件）、30cm×30cm×2m（1件）

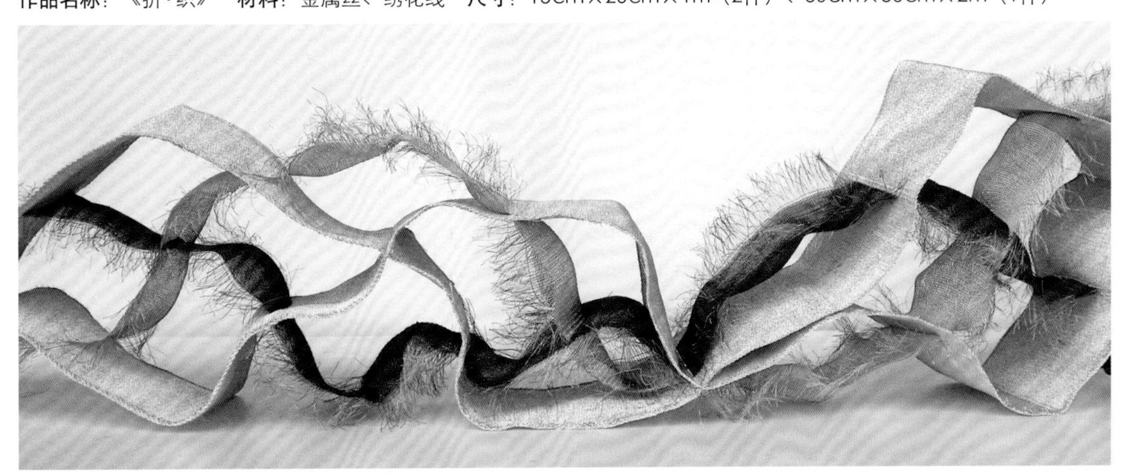

ARTIST NAME: Zaini Rais
COUNTRY: Indonesia

CURRICULUM VITAE:

Areas of Expertise: Visual Basic Concept, Craft Textiles, Craft Ornament-Digital.
Latest Education: Master of Fine Arts-ITB.
1988-present: Lecturer at the Faculty of Art and Design ITB.
Exhibited in several national and international events of fiber art.
Wrote several books on weaving and embroidery.

ARTWORK TITLE: Minangmaimbau MATERIAL: acrilic fiber SIZE: 80cm×100cm

姓名：张宝华

国籍：中国

简历：清华大学美术学院染织服装艺术设计系副主任、副教授、硕士生导师。
中华全国工商业联合会纺织服装商会专家委员会委员。
中国家用纺织品行业协会设计师分会副会长。
中国流行色协会色彩教育委员会委员。
NCS(Natural Color System)中国地区特约色彩专家。
1990年7月，毕业于中央工艺美术学院染织艺术设计专业，获学士学位。
2003年7月，毕业于香港理工大学纺织品及服装设计专业，获硕士学位。

作品名称：《苗岭古韵》 **材料**：丝 **尺寸**：240cm×240cm

姓名：张红娟
国籍：中国

简历：清华大学美术学院染织服装艺术设计系教师。
作品曾多次参加“亚洲纤维艺术展”、“国际纤维艺术双年展”等中、外展览；设计作品在国内、国际赛事中获多项金、银奖。

作品名称：《绽放•幻》 **材料**：欧根纱 **尺寸**：100cm×100cm

姓名：张靖婕
国籍：中国

简历：山东工艺美术学院教师，从事染织与纤维艺术的教学与研究工作。

作品名称：《墨@时代》　**材料**：羊毛　**尺寸**：60cm×80cm

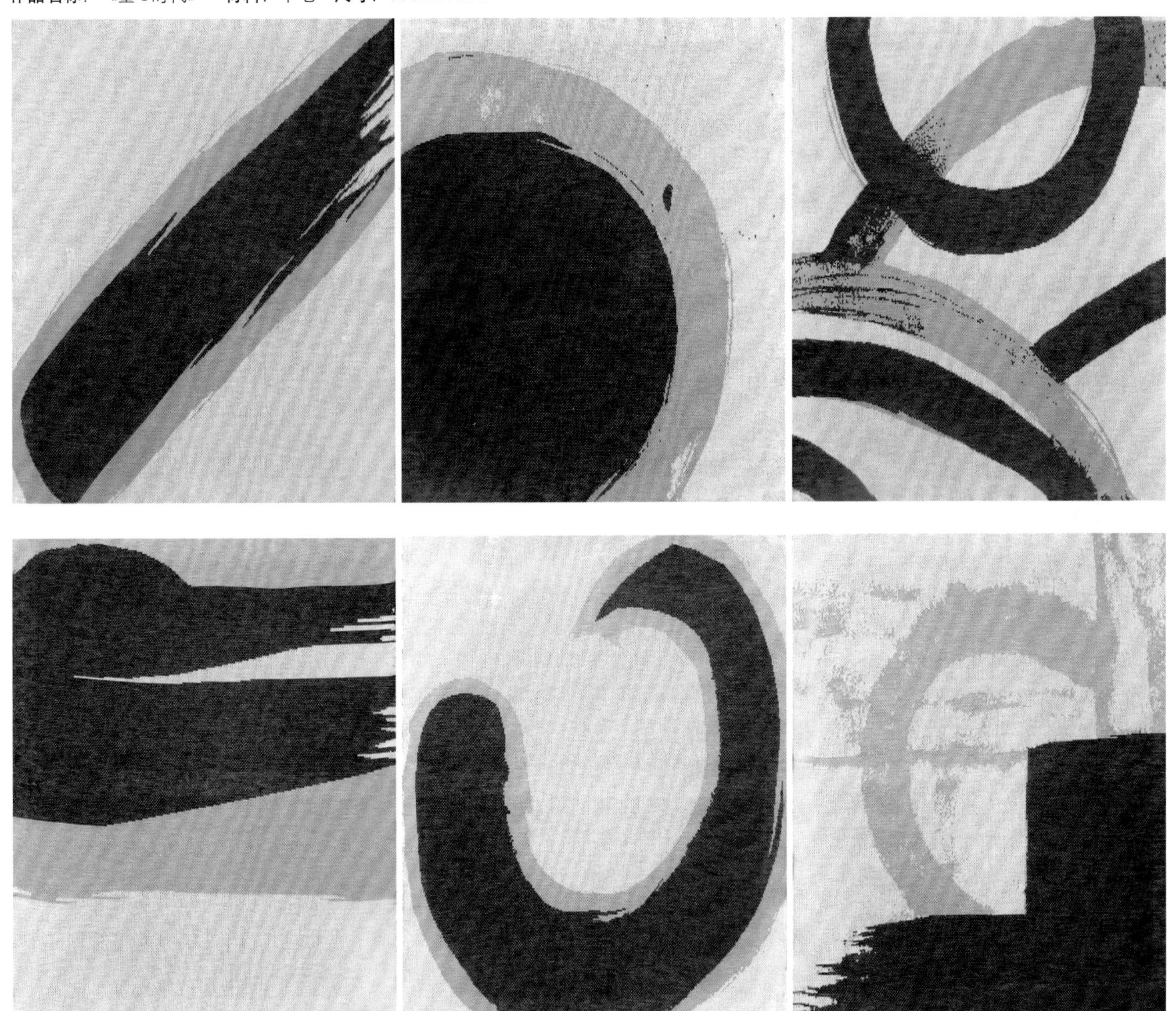

姓名：张莉
国籍：中国

简历：西安美术学院服装系主任、教授、硕士研究生导师，中国美术家协会服装艺术设计委员会委员，中国服装设计师协会理事、学术委员会委员，中国纺织服装教育协会理事，中国流行色协会理事，中国家纺协会理事。在学术期刊发表论文多篇，担任多项省级科研项目负责人。

作品名称：《中国门神系列》 **材料**：纱 **尺寸**：100cm×800cm

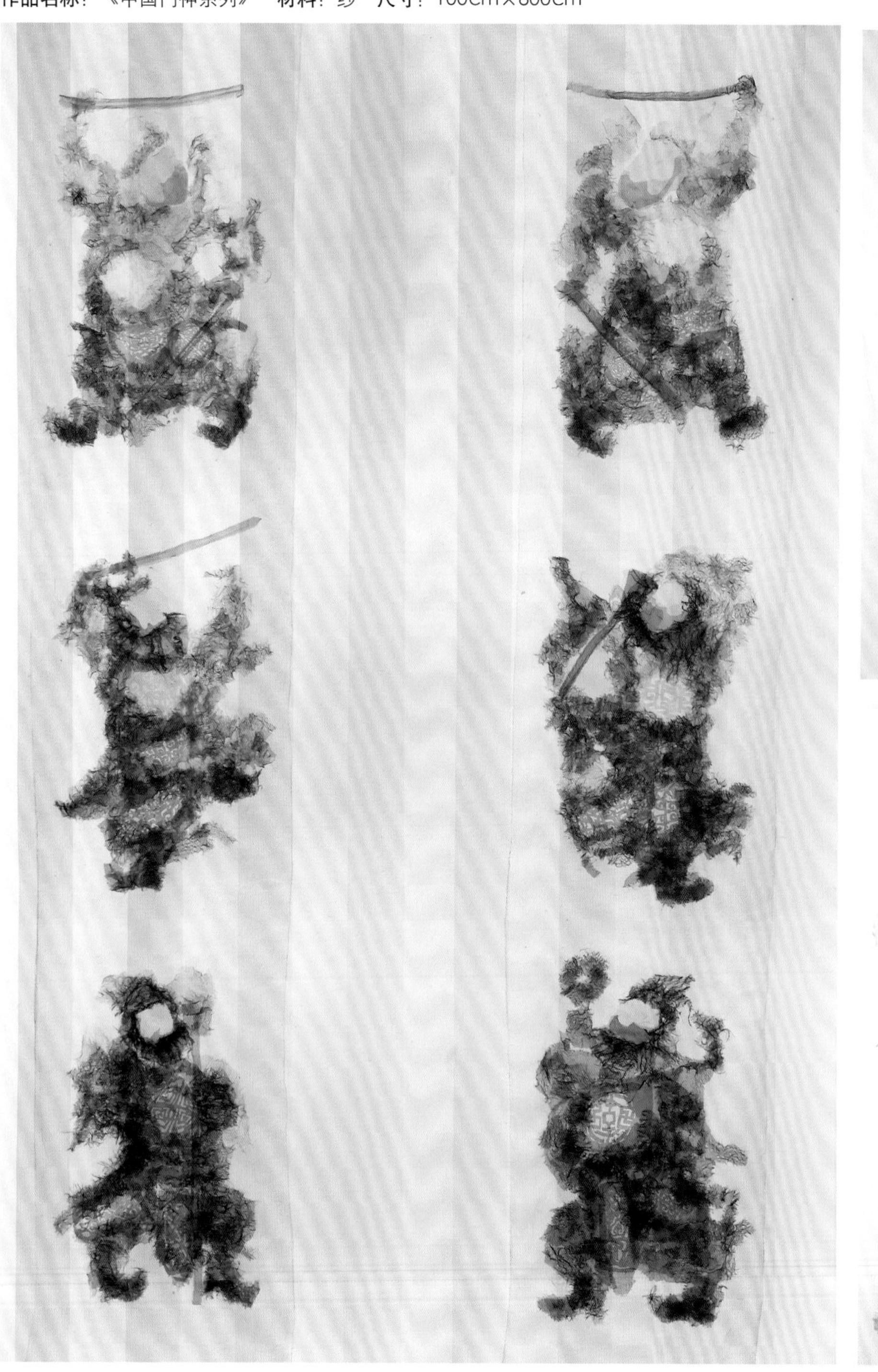

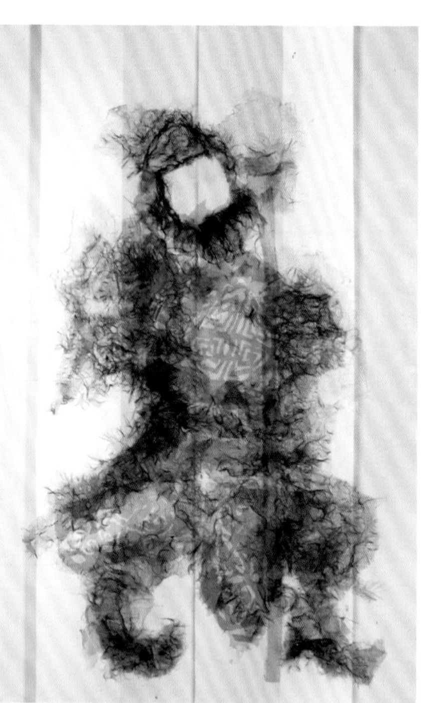

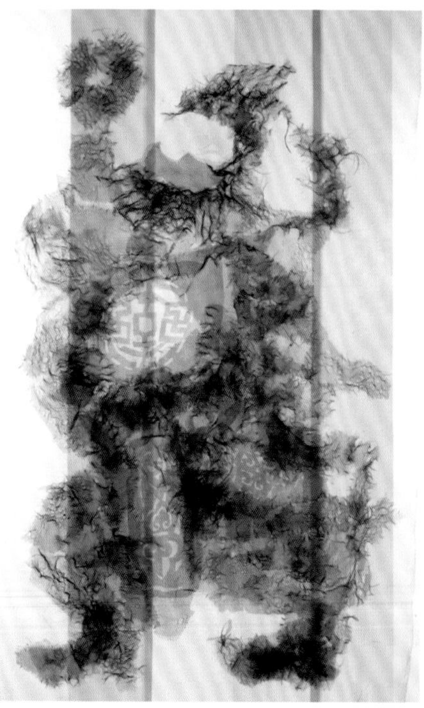

姓名：张树新

国籍：中国

简历：2000年9月—2005年9月，任清华大学美术学院教务办副主任。

2005年9月至今，清华大学美术学院染织服装艺术系副教授，硕士研究生导师。中国工艺美术学会会员、中国工艺美术学会纤维艺术专业委员会常委、北京工艺美术学会常务理事、中国工艺美术学会地毯学会高级顾问、北京市榜书家协会副秘书长。

作品名称：《早春》　**材料**：羊毛　**尺寸**：80cm×80cm

姓名：郑晓红
国籍：中国

简历：1999年，日本多摩美术大学大学院染织设计专业修士毕业，获硕士学位。
1997—1999年，日本Hishinuma设计事务所担任Textile Designer。
1999—2000年，日本WATANABE TEXTILE ART STUDIO任研究员。
2001年，日本Hamano综合研究所客座研究员。
1999年至今，任日本染织设计家协会（TDA）会员。
2000年至今，任日本色彩学会会员。
2003年至今，在中国人民大学艺术学院任教，副教授。
2009年，中国美术家协会会员。

作品名称：《霓彩系列》 **材料**：羊毛、纸、金属纤维 **尺寸**：60cm×60cm

姓名：臧迎春
国籍：中国

简历：博士，清华大学美术学院副教授、研究生导师、博士后导师。英国东伦敦大学研究教授，英国布莱顿大学荣誉研究员，英国伯明翰城市大学博士生导师。香港理工大学博士答辩导师。曾出版学术著作9部，发表论文60余篇。

作品名称：《如是》 **材料**：真丝 **尺寸**：150cm×100cm

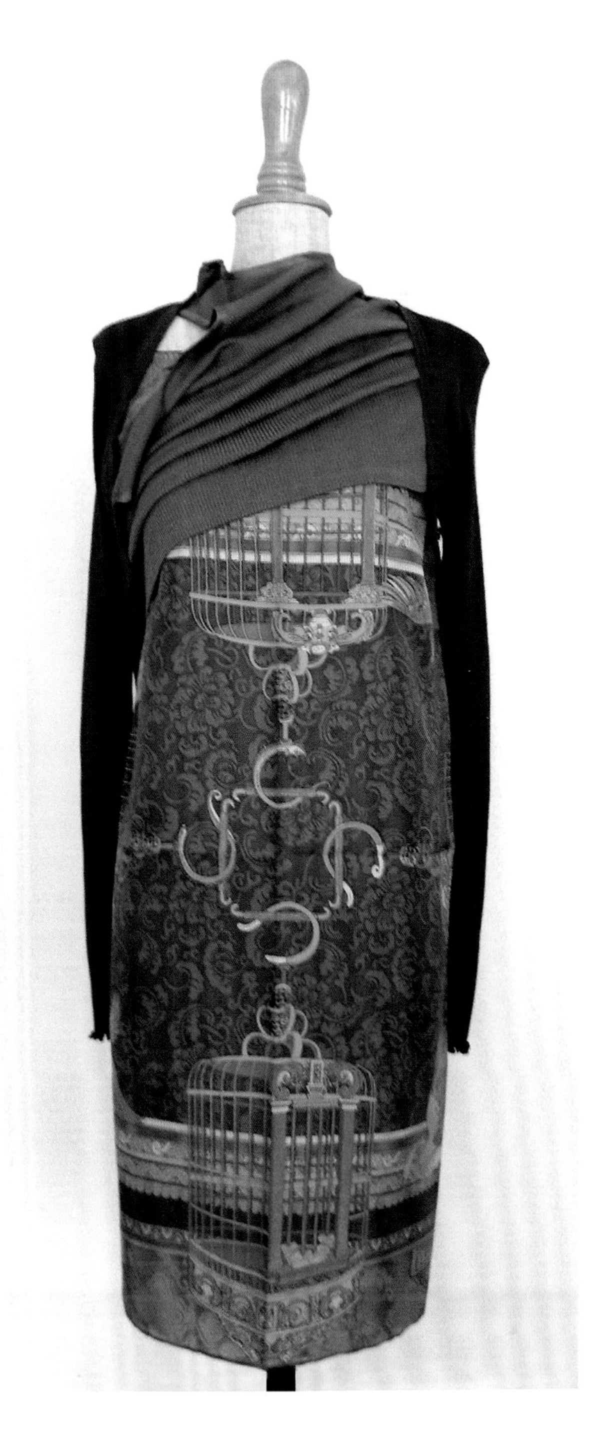

姓名：张瑛玲
国家：中国

简历：树德科技大学流行设计助理教授。
2012年，获“从洛桑到北京——第七届国际纤维艺术双年展”优秀奖。
2010年，获选“Asociación de Creadores Textile” SOFT 4, Four International Textile Fashion Accessories Biennale。
2010年，获选Handweavers Guild of America “HGA’ s Small Expressions 2010 Exhibit”。
2009年，获第十届“编织工艺奖”——纤维创作类——佳作奖。
2003年，获第七届“编织工艺奖”——生活产品设计类二等奖。

作品名称：《心象花意》 **材料**：SP线、花纱线 **尺寸**：65cm×55cm、65cm×20cm

姓名：朱医乐
国籍：中国

简历：天津美术学院服装染织系副主任、副教授。
中国工艺美术家协会与会员。
中国美术家协会天津分会会员。
作品曾多次参加国际性纤维大展并获奖，多篇论文发表在国家重点刊物，出版多部专业著作。

作品名称：《麻的魅力》 **材料**：麻纤维、纸纤维 **尺寸**：100cm×100cm

ARTIST NAME: Ae Ja Lee
COUNTRY: Korea

CURRICULUM VITAE:
1977 B.F.A Department of Applied Arts, Seoul National University.
1988 M.F.A Graduate School of Arts, Daegu Catholic University.
1992 California College of Arts(Oakland, U.S.A).
10 times Solo Exhibitions.
More than 200 times group exhibitions.

ARTWORK TITLE: Reflection Blue13 MATERIAL: silk SIZE: 50cm×40cm

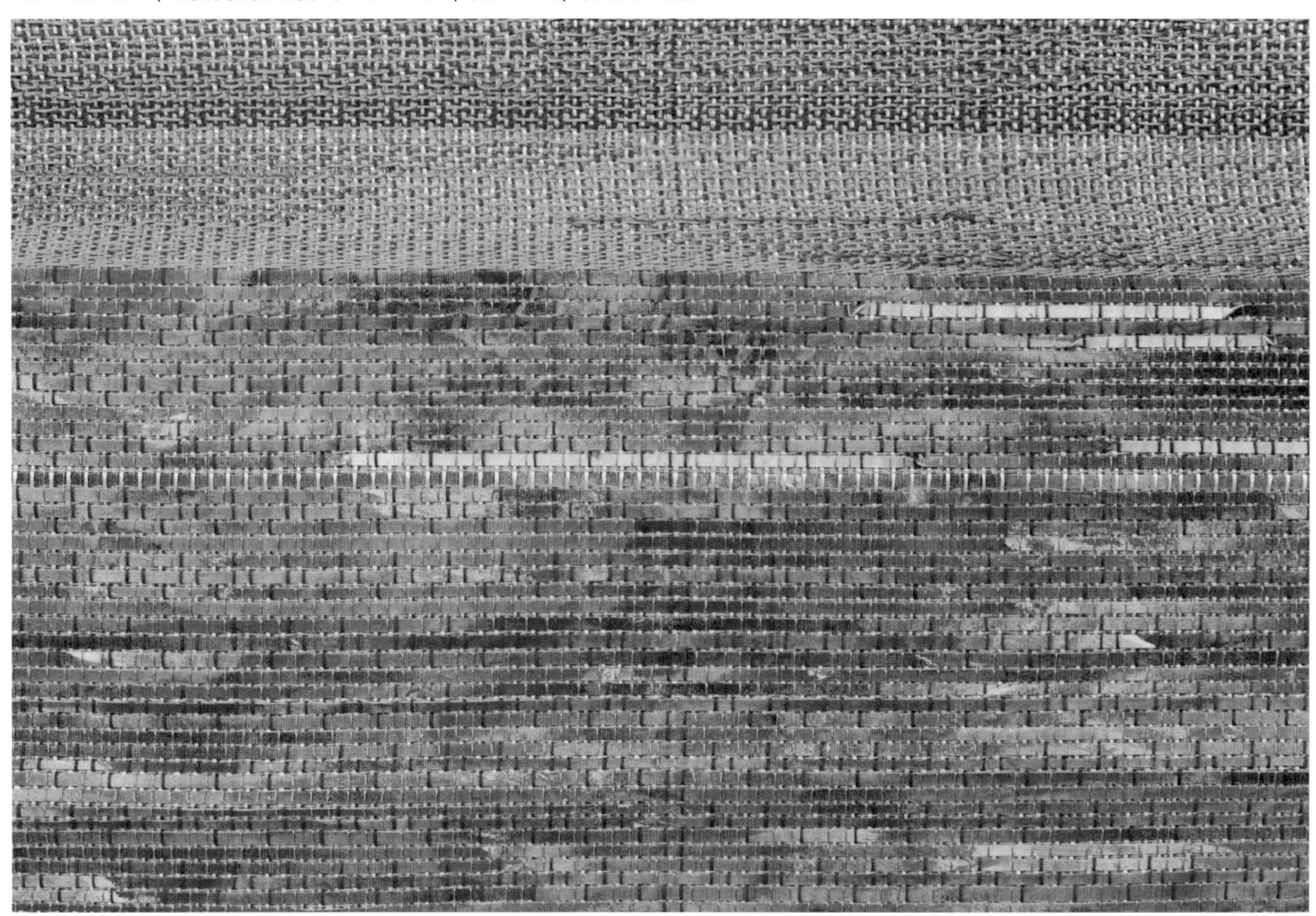

ARTIST NAME: Budi Ramadhan
COUNTRY: Indonesia

CURRICULUM VITAE:
2009 Titik Exhibition, Bandung.
2009 Mural Cigondewah, Bandung.
2011 FGD International Expo, Jakarta.
2011 Textile Exhibition "Inacraft 2011", Jakarta.
2011 Econic Eco Design Exhibition, Jakarta.
2012 Final Project Exhibition, Bandung.
2012 Avolution Exhibition, Jakarta.
2012 DS Invasion Pasar Indonesia, Jakarta.

ARTIST NAME: Adinda Hady
COUNTRY: Indonesia

CURRICULUM VITAE:
2011 Textile Exhibition "Adiwastra Nusantara".
2011 Textile Exhibition "Pelan Produk Kreatif".
2011 Textile Exhibition "Inacraft 2011".
2011 Fashion Show "The 8th JFFF" Sincerely Green.
2012 International Plant Dyeing Art Exhibition, Tsinghua University, Beijing, China.
2012 Final Project Exhibition.
2013 Asia Fiber Arts Exhibition & Symposium.

ARTWORK TITLE: Desert MATERIAL: rope, cotton SIZE: 150cm×60cm

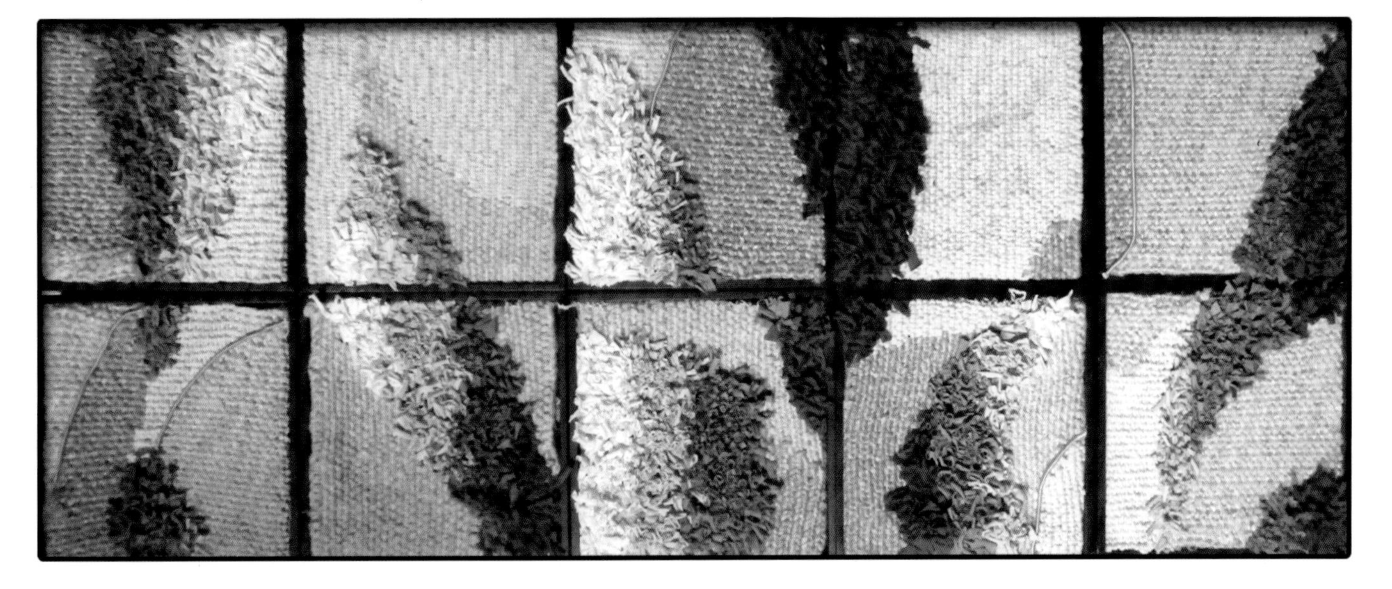

ARTIST NAME: Cho. Ye-Ryung
COUNTRY: Korea

CURRICULUM VITAE:
M.A Graduate School of Art & Design Sangmyung University.
3 Solo Exhibition & many group exhibitions.
Established Designer in Korea Design Exhibition.
Lecturing in the Sangmyung, Shingu and Dongduck Women's University.

ARTWORK TITLE: Sunshine **MATERIAL:** wool yarn, silk yarn, felt **SIZE:** 55cm×80cm

ARTIST NAME: Choo. Kyung-Im
COUNTRY: Korea

CURRICULUM VITAE:

2001, Purdue University , Master of Arts.
7 times Solo Exhibitions.
2010 SH Contemporary Art Fair, Shanghai, China.
2010 Craft Trend Fair, Seoul, Korea.
Present: Professor at Sangmyung University.

ARTWORK TITLE: City Night MATERIAL: cotton, beads SIZE: 20cm×20cm

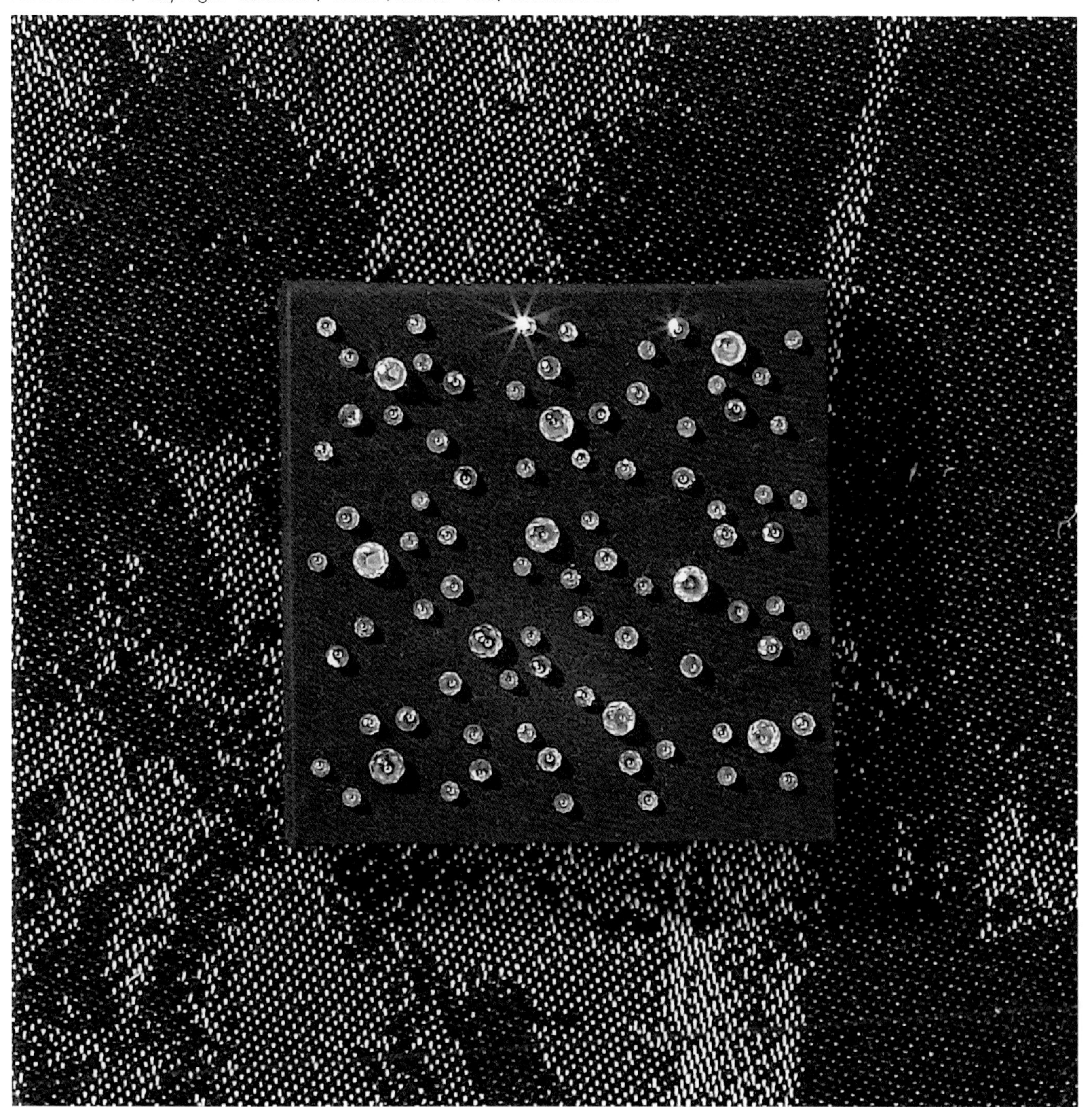

姓名：曹敬钢
国籍：中国

简历：汉族，现为天津美术学院教师，天津美术家协会会员，中国撒拉族民族服装设计师。作品入选“亚洲纤维艺术展”、“国际拼布展”、“中日纤维艺术交流展”、（京都）“日中纤维艺术家作品展”、“2012天津油画双年展”等。

作品名称：《鸟瞰》 **材料**：麻 **尺寸**：110cm×80cm

ARTIST NAME: Hwang. So-Jung
COUNTRY: Korea

CURRICULUM VITAE:
M.A. Graduate school of Art & Design Sangmyung Univ ersity.
2012 International Joomchi & Beyond Art Exhibition [Rhode Island State Council on the Art (RISCA) Presents].
Korea Bojagi Forum "From Rich Traditional to Contemporary Art" (Paju, Korea).
2011 Solo Exhibition (Seoul, Korea).
The 17th Sangmyung Designer Exhibition (Seoul, Korea).
2010 The 16th Sangmyung Designer Exhibition (Seoul, Korea).
JAPANTEX (Tokyo, Japan).
2009 The 15th Sangmyung Designer Exhibition (Seoul, Korea).

ARTWORK TITLE: Ave Maria MATERIAL: cotton yarn SIZE: 37cm×37cm / 40cm×40cm

ARTIST NAME: Inyul Heo
COUNTRY: Korea

CURRICULUM VITAE:
2003 M.A Graduate School of Art & Design Sangmyung University Korea.
2006 Professional Development Diploma-Tapestry weaving, West Dean College U.K.
Solo Exhibition twice / Many Group Exhibition at home and abroad.

ARTWORK TITLE: The Origin **MATERIAL:** wool **SIZE:** 70cm×78cm

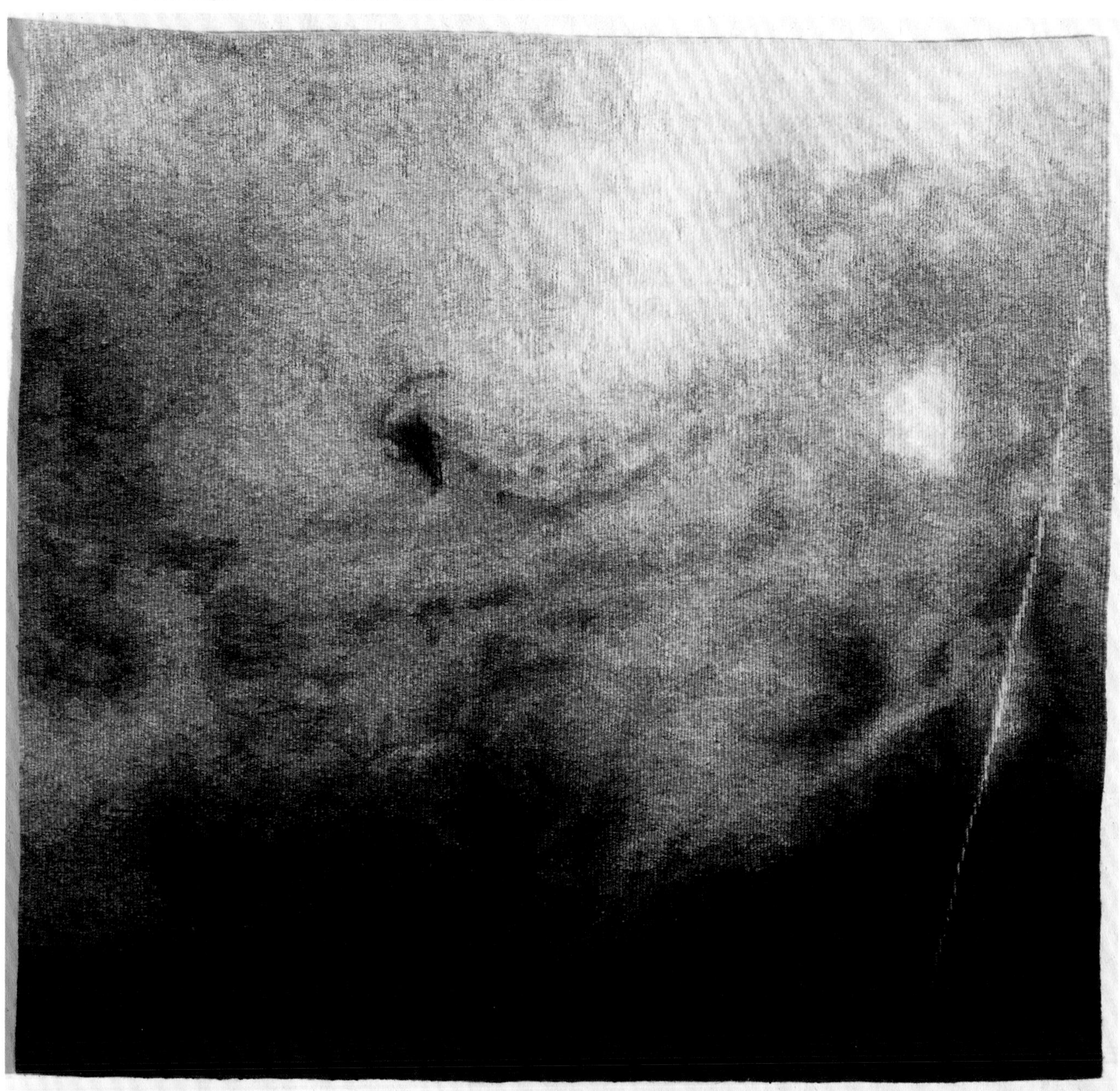

ARTIST NAME: Lee. Jung - A
COUNTRY: Korea

CURRICULUM VITAE:
Assistant Professor of Sang Myung University/Complete Ph.D courses of Graduteschool,SangMyung University/M.F.A.SyracuseU niversity,NY/B.F.A.SangMyung University,Seoul/1998-2006 KARAM YEOKONG NAD Design Director seoul/1997 Cone Decorative Fabrics, Inc.New York/Solo Exhibitions 13 times/2010 AAF(The Affordable Art Fair, freyssinet Paris).

ARTWORK TITLE: From Nature **MATERIAL:** mixed media **SIZE:** 30cm×40cm

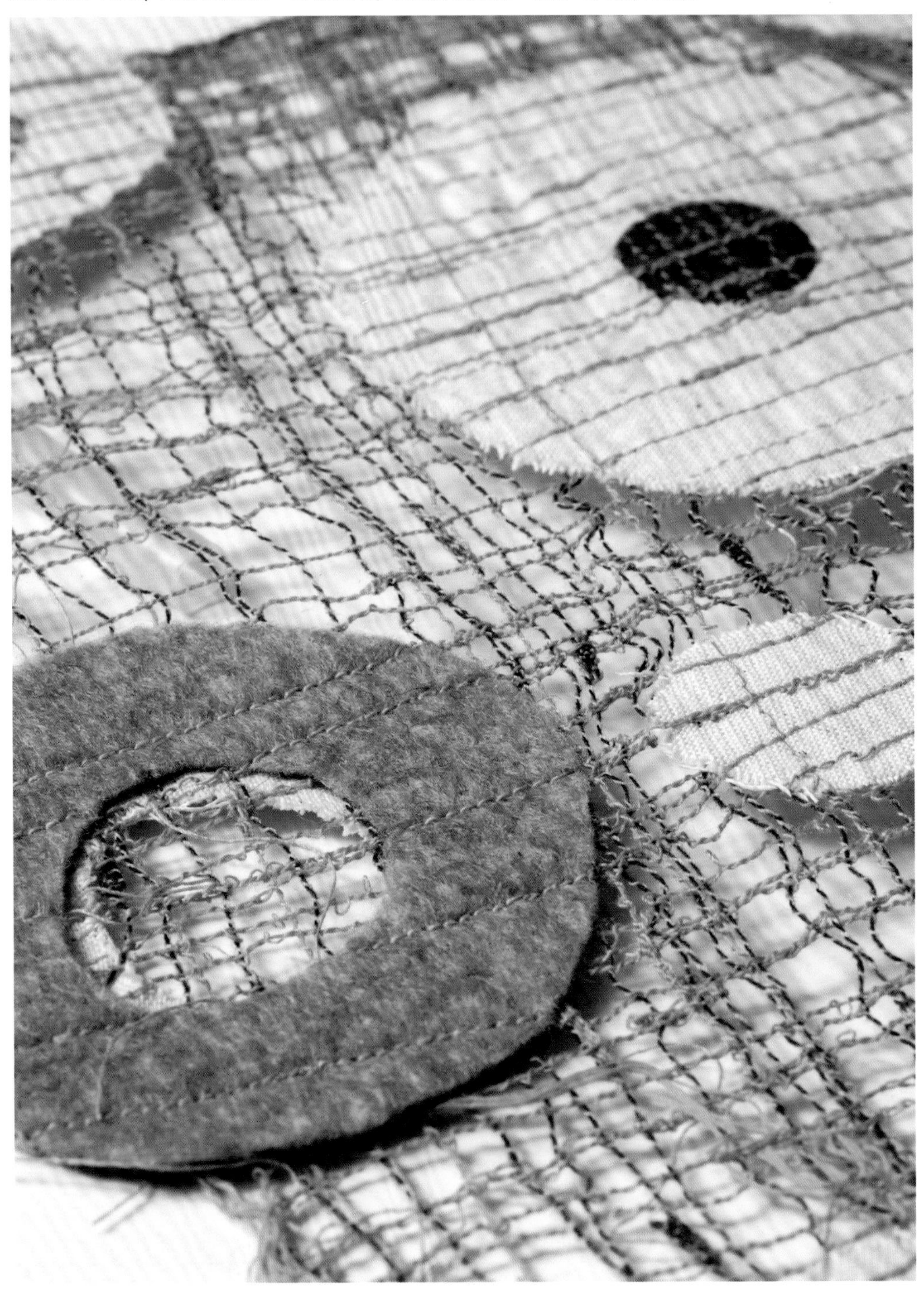

ARTIST NAME: Oh, Myung hee (Michelle)
COUNTRY: Korea

CURRICULUM VITAE:
15 Solo Exhibition (Korea,China, U.S.A,Japan, Spain).
Hanji project (New York).
Art Shanghai, Shanghai Art Fair, S.H.Contemporary(China)
KIAF(Korea).
Holland Paper Biennale(Netherland).
International paper triennale(Swiss).
ITF(Japan).
International tapestry triennale(Poland).
Small expression(U.S.A).
Compraision(France).
Toyama International Fair(Japan).
300 times exhibitions.

ARTWORK TITLE: Korean Poetry MATERIAL: Korean dak paper SIZE: 50cm×50cm×3cm

ARTIST NAME: Ok Hyun Kim
COUNTRY: Korea

CURRICULUM VITAE:
Professor, School of Arts,Dongduk Women's University.
M.S University of Wisconsin, U.S.A..
15 Solo Exhibitions.
Invited Designer, Korea Industrial Design Exhibition.
Invited Designer, Cheongju International Craft Biennale.

ARTWORK TITLE: Born Again MATERIAL: lamie, bamboo SIZE: 30cm×200cm(3pics)

ARTIST NAME: Park Jin-Young
COUNTRY: Korea

CURRICULUM VITAE:
Traditional Knot Technique Succession.

ARTWORK TITLE: Pouch MATERIAL: silk, pearl SIZE: 25cm×20cm

ARTIST NAME: Park. Young-Ran
COUNTRY: Korea

CURRICULUM VITAE:
Graduate School of Honglk University (B.F.A), (M.F.A.)
Ph. D. candidate in Honglk University (Major of Color Design).
Examiner of 39th, 44th Korean Industrial Design Award.
Secretary general of Korean Culture Design Council.
Visiting professor of Digital craft arts, DongDuk Women's University.

ARTWORK TITLE: Brown Weaving MATERIAL: wool, polyester, leather, etc SIZE: 50mm×150mm

ARTIST NAME: Ryu Myung Sook
COUNTRY: Korea

CURRICULUM VITAE:
M.F.A., Graduate School of Ehwa Womens University, Seoul.
Ph.D. Candidate in Graduate School of Design Management Chosun University.
2012 International Plant Dyeing Art Exhibition & Conference(Beijing, China).
Adjunct Professor, Traditional Costume, Baewha Women's University, Seoul.

ARTWORK TITLE: Blue Forest MATERIAL: indigo , Indian cotton yarn SIZE: 30cm×45cm

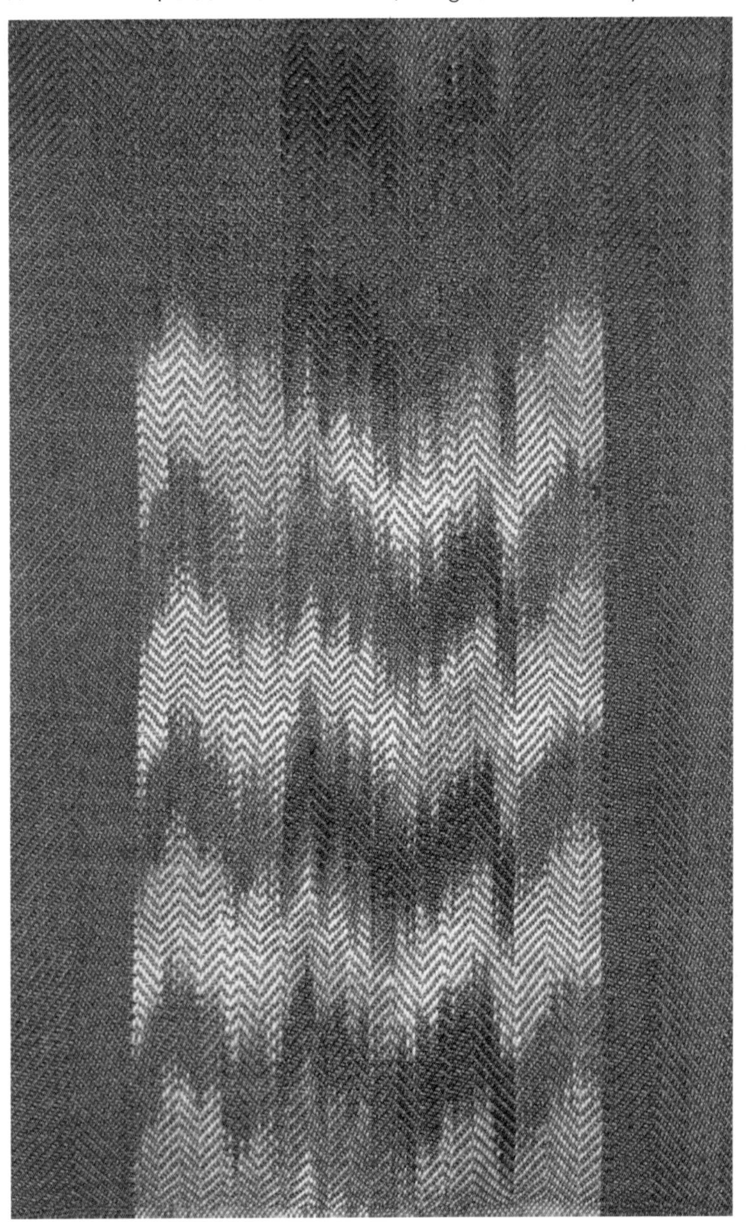

ARTIST NAME: Ryu, Kum-Hee
COUNTRY: Korea

CURRICULUM VITAE:
B.F.A/ M.F.A & Ph.D. (Graduate School of Hong-Ik University).
Solo Exhibitions: 10 times (Korea-Seoul, France - Paris).
Participated in over 380 times Invitation & Group Exhibitions Home and Abroad.
present: Professor of Gangdong University (Department of Textile Stylist).

ARTWORK TITLE: Daily MATERIAL: wool, cotton SIZE: 130cm×200cm

ARTIST NAME: Shim Young-Mi

COUNTRY: Korea

CURRICULUM VITAE:

Traditional Knot Technique Holder.

President of Donglim Knot Workshop.

ARTWORK TITLE: Pendant for Locust Shaped Embroidery **MATERIAL:** silk **SIZE:** 34cm

ARTIST NAME: Sun-Yang Lim
COUNTRY: Korea

CURRICULUM VITAE:
HanYang University Applied Fine Arts, Ph. D..
7th Solo Exhibition and many group exhibition.
Korea Industrial Designer's Association recommended designer.
Associate Professor, Department of Digital Craft Dong duck Women's University.

ARTWORK TITLE: Sound of Light MATERIAL: thread, wood SIZE: 30cm×35cm×15cm

ARTIST NAME: Yoon. Jae-Shim
COUNTRY: Korea

CURRICULUM VITAE:
2003 M.A.Graduate School of Art & Design Sangmyung University Korea.
2012 Ph.D. in Arts Graduate School of Sangmyung University Korea.
Currently lecturer at Hanbat National University.

ARTWORK TITLE: Slow and Sure MATERIAL: wool, acrylic SIZE: 75mm×150mm

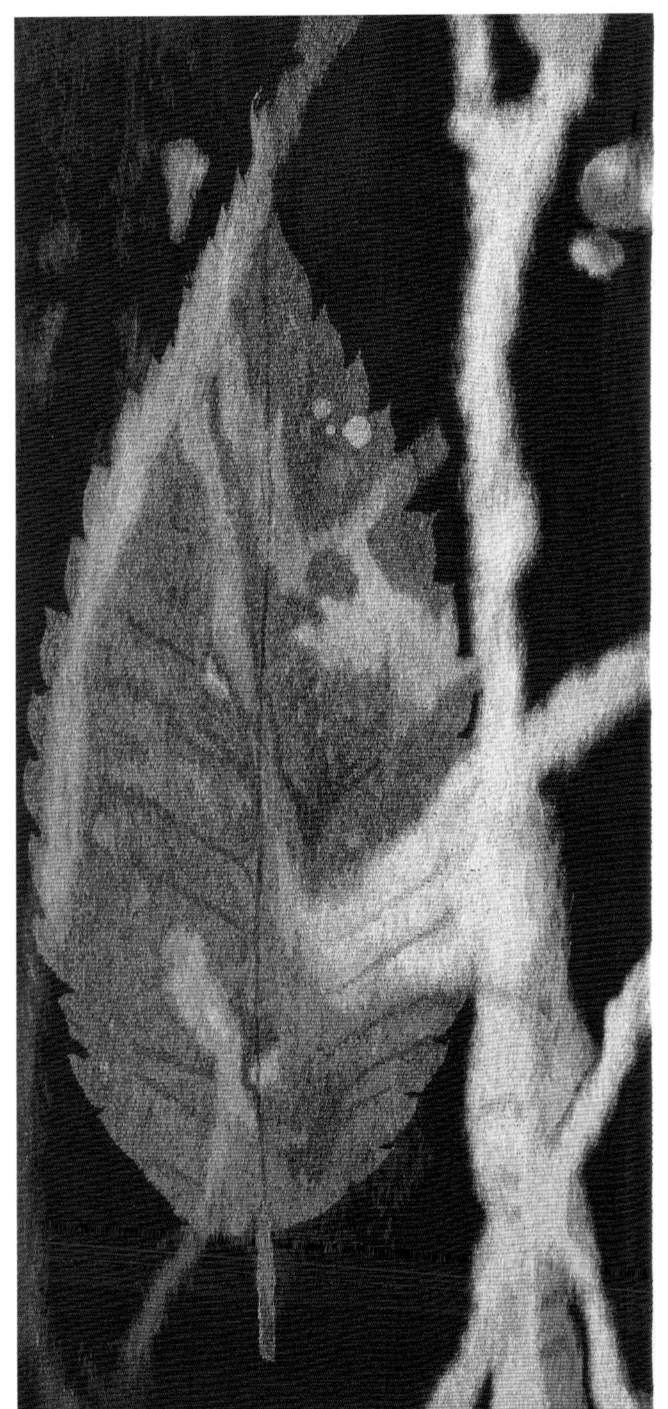

姓名：张敏之
国籍：中国

简历：清华大学美术学院服装艺术设计硕士。
Adidas Group NEO设计部助理设计师。

作品名称：《青藤说》 **材料**：羊毛、绡、羊绒、丝绸、皮革

姓名：毕然
国籍：中国

简历：现就读于清华大学美术学院2010级染织与服装设计系服装设计专业。

作品名称：《无题》　**材料**：毛线　**尺寸**：30cm×30cm

姓名：崔磊

国籍：中国

简历：2009年考入鲁迅美术学院。

《童年》入展2011首届“全球大学创意作品展”。

《童年》入展2011“北京国际设计周”。

《月夜》获“‘亚光杯’第六届中国家纺手工精品创意大赛”银奖。

作品名称：《房》　**材料**：丝　**尺寸**：160cm×230cm

姓名：崔瑶

国籍：中国

简历：2008年，进入清华大学美术学院染织服装系学习。
作品《时光屋》、《百纳敦煌》获得2011年“全国纺织品大赛”铜奖和优秀奖。
2012年，在清华大学美术学院继续进行染织专业的深造。

作品名称：《云梦谣》　**材料**：棉布　**尺寸**：48cm×48cm

姓名：费蕾如
国籍：中国

简历：2010年，考入鲁迅美术学院（大连校区）。
2012年，进入软装饰设计工作室，学习专业绘画与设计知识。
任学生干部，成绩优秀，多幅作品留校。

作品名称：《少女》　**材料**：纯新西兰羊毛　**尺寸**：40cm×80cm

姓名：何飞龙

国籍：中国

简历：2007年，考入西安美术学院服装系（学士）。

2011年，考入西安美术学院服装系（硕士）。

2011年，作品《中国拴马桩》参加“2012国际植物染艺术展”。

2011年，作品《墨莉花》参加“‘大浪杯’中国女装设计大赛”，获优秀奖。

作品名称：《非衣》　**材料**：综合材料　**尺寸**：500cm×250cm

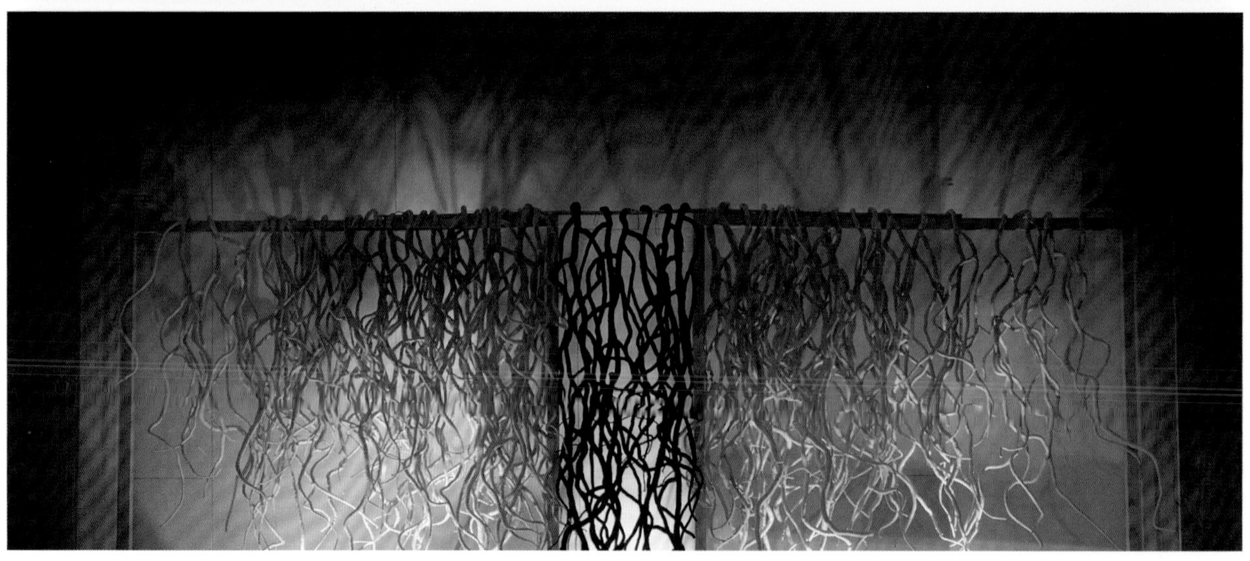

姓名：黄雯

国籍：中国

简历：2008年，毕业于湖北美术学院，获学士学位。

2011年，入湖北美术学院壁画系学习，主修材质工艺，研究方向为纤维艺术。

作品名称：《鸢》 **材料**：毛线、棉线 **尺寸**：100cm×95cm

姓名：李佳颖
国籍：中国

简历：出生于1991年3月1日，黑龙江省哈尔滨人，现为鲁迅美术学院软装饰大三学生。

作品名称：《秋日人物》(1)(2) **材料**：纤维 **尺寸**：50cm×70cm

姓名：李丽
国籍：中国

简历：硕士一年级在读，现就读于清华大学美术学院染织服装设计系，所学专业为服装设计；本科毕业于北京服装学院。

作品名称：《编纹》 **材料**：涤棉布 **尺寸**：胸围84cm，腰围66cm，臀围92cm

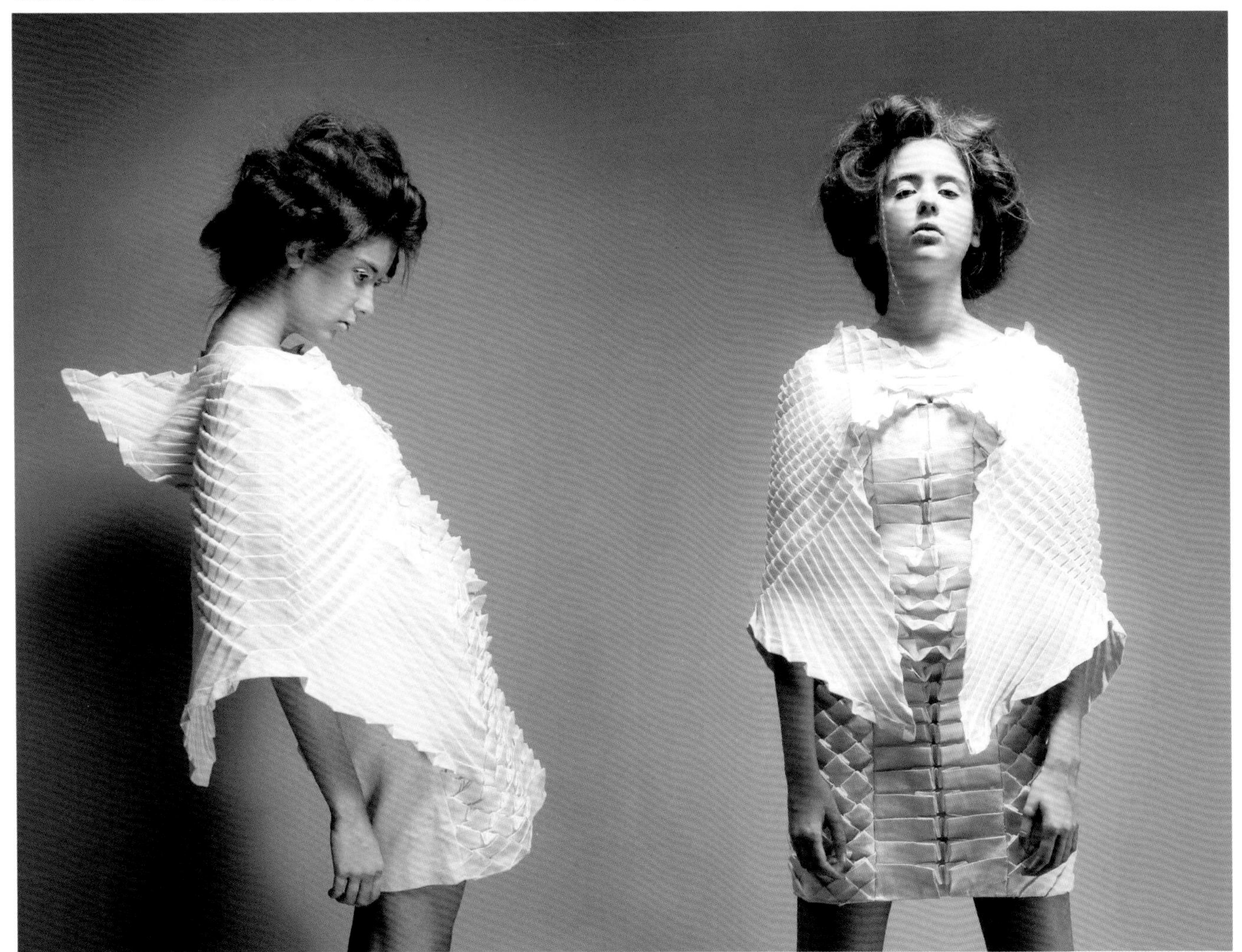

姓名：李双

国籍：中国

简历：鲁迅美术学院（大连校区）软装饰设计工作室学生，从2012年开始接触纤维艺术，对其有深刻的认识。在完成此作品过程中，不断探索发现纤维艺术发展的重要性，了解艺术的真谛。

作品名称：《人物——少女》 **材料**：纤维 **尺寸**：40cm×37cm

姓名：李晓淳
国籍：中国

简历：鲁迅美术学院染织服装艺术设计系硕士。
纤维作品多次参加国内、外展览及比赛，并多次荣获各类奖项。

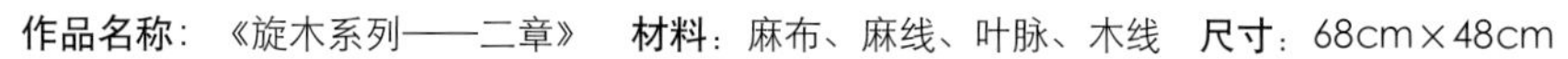

作品名称：《旋木系列——二章》 **材料**：麻布、麻线、叶脉、木线 **尺寸**：68cm×48cm

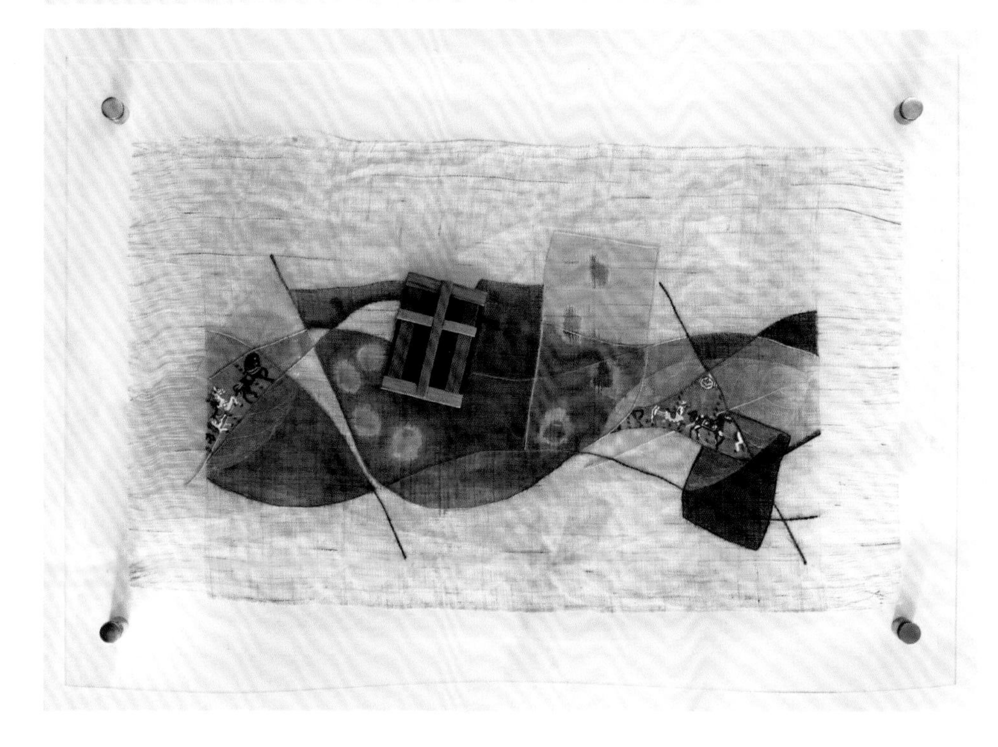

姓名：李晓宇

国籍：中国

简历：鲁迅美术学院大连校区大二的学生，软装饰设计专业。喜欢纤维有关的艺术作品，认为纤维作品会给人带来不一样的视觉体验，并能表现出别的材料所不能表现的质感，因而很喜欢艺术为其带来的充实感。

作品名称：《人物——女孩》 **材料**：纤维 **尺寸**：35.5cm×42cm

姓名：李妍
国籍：中国

简历：就读于鲁迅美术学院大连校区软装饰工作室二年级。爱好绘画及纤维艺术制作。此幅作品运用高比邻的制作工艺，取材于安格尔的油画作品《泉》。

作品名称：《泉》　**材料**：纤维　**尺寸**：45cm×58cm

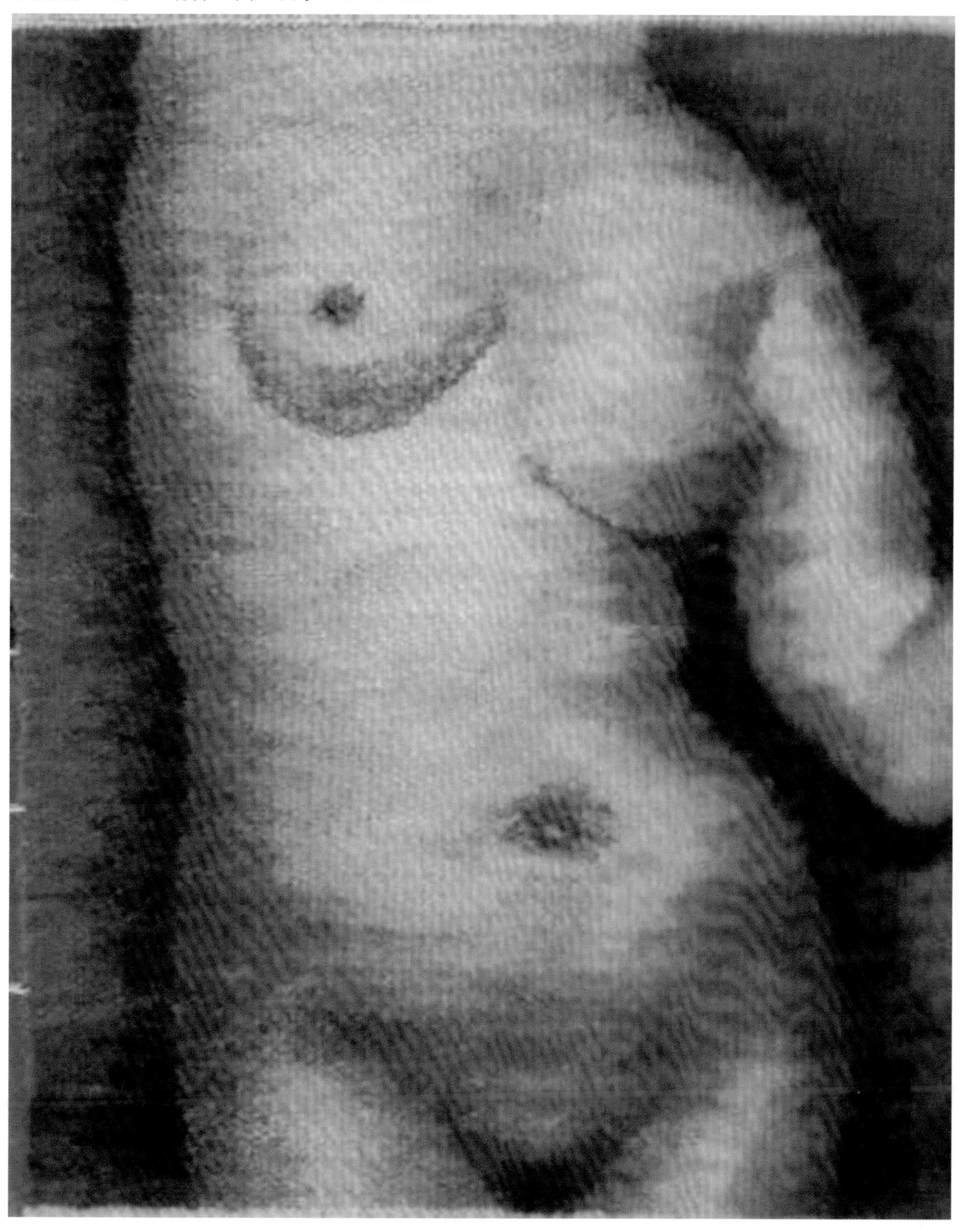

姓名：刘玥

国籍：中国

简历：2009—2013年，就读于清华大学美术学院染织艺术设计系。

2010年，获得光华奖学金，2011年获得郑格如奖学金。

2012年，地毯纹样设计获“‘鲁绣杯’全国大学生家用纺织品设计大赛”金奖。

2012年，室内纺织品设计作品获“全国纺织品设计大赛”优秀奖。

作品名称：《秋》　**材料**：毛线　**尺寸**：60cm×130cm

姓名：马鹜
国籍：中国

简历：1988年9月5日生于湖北省天门市，2007—2011年就读于鲁迅美术学院装饰艺术专业，获学士学位。2011至今就读于清华大学美术学院，染织与服装艺术设计系，攻读硕士学位。

作品名称：《一生向阳》 **材料**：丝 **尺寸**：160cm×230cm

姓名：马颖

国籍：中国

简历：2008年，本科考入清华大学美术学院。
2012年，保送清华大学美术学院研究生。
2010年，获得国家励志奖学金。
2012年，作品获“2012全国纺织品设计大赛暨国际理论研讨会”银奖。
2012年，作品入选“2012年国际植物染艺术设计大展——传承与创新”。

作品名称：《云游之上》　**材料**：毛线　**尺寸**：200cm×100cm

姓名：钮锟
国籍：中国

简历：西安美术学院服装设计专业硕士在读，曾获西安美术学院优秀学生作品一等奖，作品《扇语霓裳》被西安美术学院收藏。

作品名称：《扇语霓裳》 **材料**：婚纱缎、欧根纱 **尺寸**：胸围84cm，腰围62cm，臀围86cm

姓名：卢媚琴
国籍：中国

简历：湖南怀化人，鲁迅美术学院大连校区2010级学生。

姓名：翟梓琼
国籍：中国

简历：湖南常德人，鲁迅美术学院大连校区2010级学生。

姓名：黄尚英
国籍：中国

简历：湖南湘潭人，鲁迅美术学院大连校区2010级学生。

作品名称：《烟陨》　**材料**：纤维　**尺寸**：70cm×100cm

姓名：石涵璐

国籍：中国

简历：2009年考入鲁迅美术学院，就读于软装饰设计工作室。喜欢绘画，对纤维艺术有着很大的兴趣。油画作品《一缕阳光》曾获第四届“IDAA国际设计美术大奖赛”铜奖。

作品名称：《鱼乐》　**材料**：丝　**尺寸**：160cm×230cm

姓名：石佳宝
国籍：中国

简历：就读于鲁迅美术学院，学习软装饰设计。对纤维艺术极其热爱。
在校期间的多幅作品留校，其中一幅作品被美国公司收藏。
油画作品曾获第四届“IDAA国际设计美术大奖赛”银奖。

作品名称：《年》　**材料**：丝　**尺寸**：160cm×230cm

姓名：孙思然
国籍：中国

简历：清华大学美术学院服装艺术设计专业研究生。
研究领域主要为智能服装的设计研发，涉及服装、材料、信息技术交叉学科的设计探索，作品曾参加2012年“中国设计大展”、“北京国际设计周”等展览。

作品名称：《Light up! Your Social Network!》 **材料**：潜水服面料、微型LED灯带、电子元件

姓名：孙思扬
国籍：中国

简历：2010年毕业于西安工程大学，获服装设计与工程专业硕士学位。2011年就职于西安美术学院服装系。

作品名称：《Rouge》　**材料**：毛呢、丝绒　**尺寸**：160/84A

姓名：隋翔旭
国籍：中国

简历：2009年，考入鲁迅美术学院。
2011年，进入软装饰设计工作室学习。热爱软装绘画和设计，多幅作品留校。
作品《姿》获第四届“IDAA国际设计美术大奖赛”铜奖。
鲁迅美术学院学生会主席，有出色的组织和协调能力。

作品名称：《渔夫和船》　**材料**：丝　**尺寸**：160cm×230cm

姓名：宋苑源
国籍：中国

简历：2006年，考入清华大学美术学院染织服装艺术设计系。
2010年至今，硕士在读，并多次获得奖学金。
2010年获“‘张謇杯’2010年中国国际家用纺织品产品设计大赛”金奖。

作品名称：《从•耳》　**材料**：化纤　**尺寸**：40cm×35cm

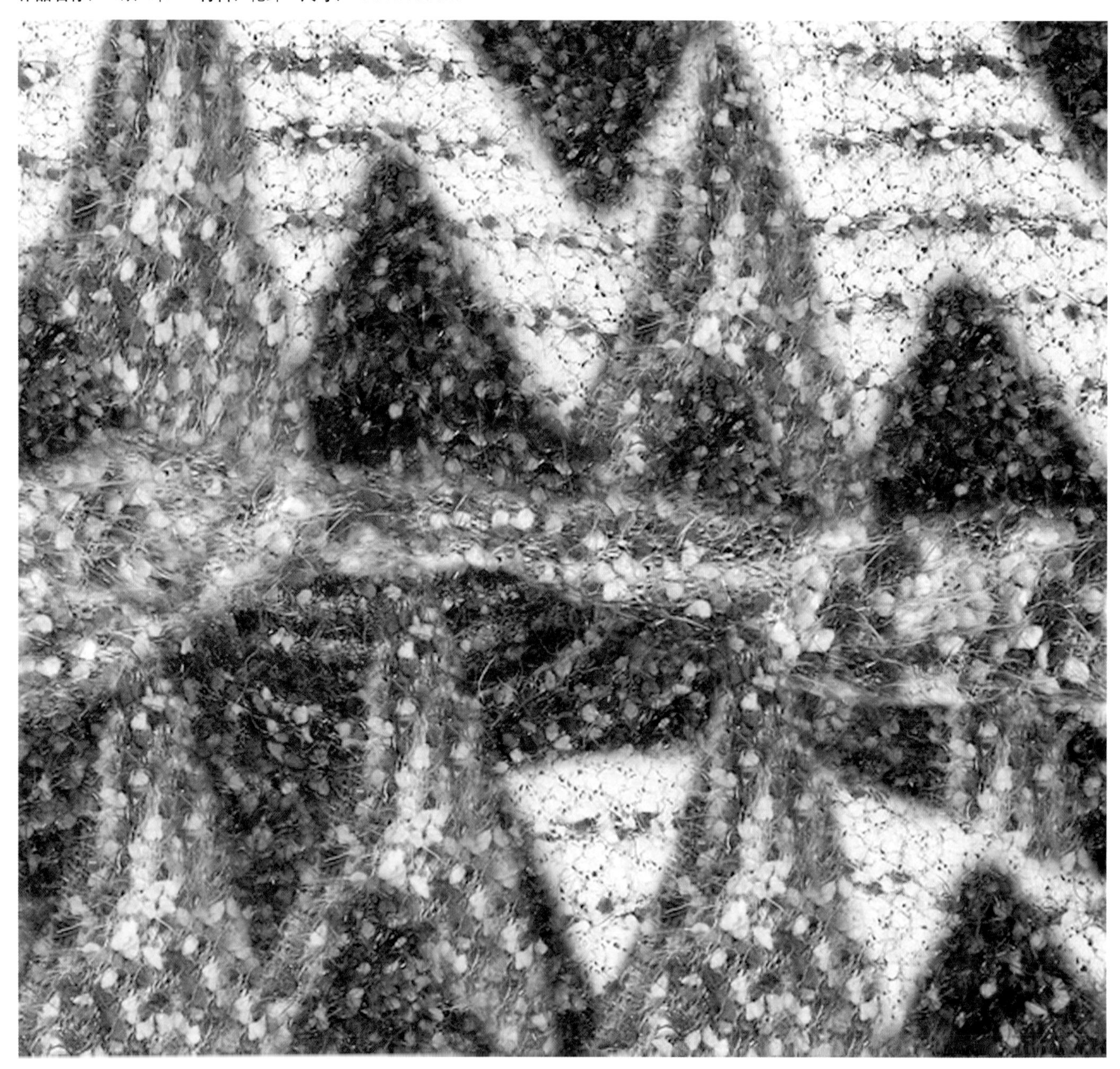

姓名：王晨佳子
国籍：中国

简历：2007—2011年，就读于西安美术学院服装系服装设计专业。
2011年至今攻读西安美术学院硕士研究生。
作品《幻境之夜》荣获西安美术学院“2011届本科毕业生作品展”一等奖并获得第二届“西安美术学院院长提名奖”。
作品《龙尚》荣获第四届“‘应大杯’中国时尚皮装设计大赛”铜奖。

作品名称：《织龙绣子》　**材料**：PU皮

姓名：王琳

国籍：中国

简历：2009年9月，考入鲁迅美术学院。2011年9月考入鲁迅美术学院织造软装饰工作室，在校期间多次获得奖学金，并获“三好学生”之称。是个乐观向上、勤奋好学、文质彬彬的在校大四学生。

作品名称：《梦之舞》 **材料**：布面 **尺寸**：75cm×200cm

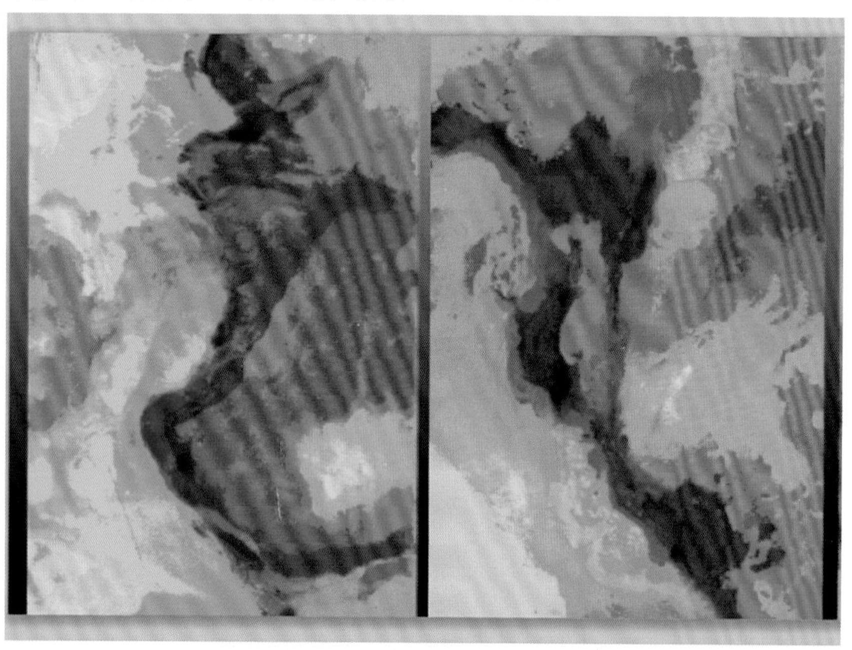

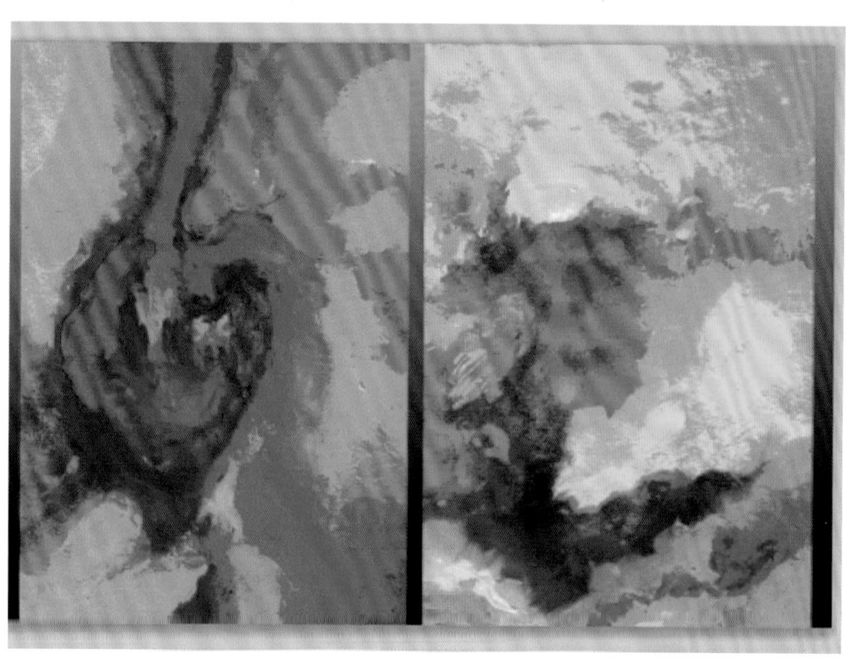

姓名：王一峙

国籍：中国

简历：多幅国画作品荣获国家省市级奖项，11岁取得全国古筝九级等级证书。2008年考入西安美院服装系，曾入围延长石油职业装大赛，系列唐装被西安书法艺术博物馆收藏。获毕业设计作品一等奖。曾为开元商城集团和陕西电视台主持人设计职业装。

作品名称：《敦煌“联”想》　**材料**：雪纱、金银线、串珠、欧根纱

尺寸：胸围84cm，腰围62cm，臀围86cm

姓名：王苑
国籍：中国

简历：2007年，进入清华大学美术学院染服系学习，现为染织系研究生。曾获国家奖学金、张仃励学金一等奖。

作品名称：《Blossom》 **材料**：蕾丝线、纸 **尺寸**：40cm×80cm

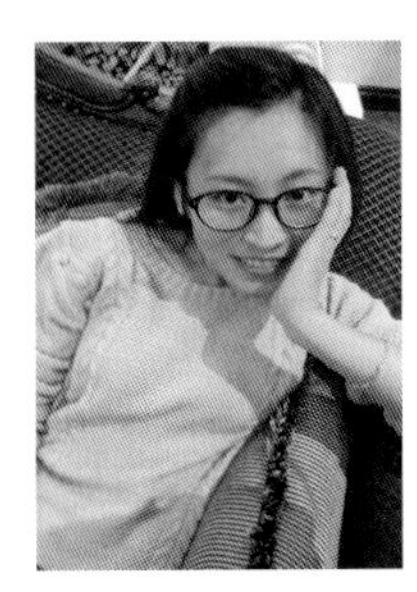

姓名：魏喆

国籍：中国

简历：鲁迅美术学院在校生。个性爽朗、乐观的东北女孩，热爱生活、热爱艺术。

作品名称：《风景——白桦林》　**材料**：纤维　**尺寸**：47cm×37cm

姓名：许娟
国籍：中国

简历：西安美术学院服装系服装设计专业2010级研究生。

作品名称：《“纱”织韵》 **材料**：玻璃纱、欧根纱、丝带 **尺寸**：175cm×30cm

姓名：于畅
国籍：中国

简历：鲁迅美术学院在校生。是一个对色彩十分敏感的女孩，喜欢尝试各种新鲜事物，闲暇的时候喜欢做手工，这也让其对材料有了更多的了解。

作品名称：《映城》 **材料**：丝 **尺寸**：160cm×230cm

姓名：杨薇
国籍：中国

简历：2012年6月，毕业于西安美术学院，获服装设计专业本科学位。
2012年，荣获“穿越”主题本科毕业设计作品展第一名。
现西安美术学院服装设计专业研究生在读。

作品名称：《浮萍映雀》 **材料**：绣花线、婚纱缎、欧根纱

姓名：于洋
国籍：中国

简历：阳光向上的“90后”姑娘，热爱绘画、设计，
获得“IDAA国际设计美术大奖赛油画组”特别金奖。
喜欢做手工，自己做的服装配饰和裙子在网店里很受欢迎。

作品名称：《青花》 **材料**：丝 **尺寸**：160cm×230cm

姓名：赵晨
国籍：中国

简历：鲁迅美术学院（大连校区）在校生，主攻软装饰艺术设计。热爱艺术，是一名阳光开朗的、善于创造的未来设计师。

作品名称：《骏》 **材料**：丝 **尺寸**：160cm×230cm

姓名：张江
国籍：中国

简历：2007年，考入清华大学美术学院染织服装艺术设计系，2011年至今硕士在读。
2007—2008学年获得清华之友——国家富的奖学金。
2010年4—10月，多幅作品荣获国内、国际纺织品设计大赛奖项。
2010年10月，获得2009—2010学年国家励志奖学金。
2011年7月，获得“清华大学优良毕业生”称号。

作品名称：《风景这边独好》 **材料**：羊毛 **尺寸**：40cm×60cm

姓名：张晶
国籍：中国

简历：生于海城，于2009年考入鲁迅美术学院（大连校区）。天生热衷于设计的她，从这一刻开始步入属于自己的炫彩人生。
性格内向，思维活跃，很要强，不甘于示弱，喜欢交朋友。看书是其最喜爱的一项休闲活动，认为，书可以增长知识。

作品名称：《竹乡》　**材料**：丝　**尺寸**：80cm×230cm

姓名：只午阳
国籍：中国

简历：就读于鲁迅美术学院大连校区。AB血型的天蝎座。喜欢画插图和看小说。

作品名称：《瓶翠花蓝》　**材料**：新西兰羊毛　**尺寸**：40cm×40cm

姓名：朱星泽
国籍：中国

简历：就读于鲁迅美术学院软装饰设计工作室，学习专业的绘画与设计，多幅作品留校并获奖。经常出去写生，搜集自然中的素材进行原创设计。
2011年，作品《秋的记忆》获“‘亚光杯’第六届中国家纺手工精品创意大赛”银奖。
2011年，作品《夜》获第四届“IDAA国际设计美术大奖赛”铜奖。

作品名称：《窗前鱼影》 **材料**：丝 **尺寸**：160cm×230cm

姓名：赵莹
国籍：中国

简历：2008年，获“全国家纺设计大赛”银奖。2009年，获评“辽宁省优秀毕业生”。
2011年，参展第八届“亚洲纤维艺术展”。参展首届“中国纤维艺术展”，获优秀奖。
获“中国国际面料设计大赛”特别奖，此奖获评“2011年度沈阳高校十大新闻”。
2012年，参展“国际植物染艺术设计大展”。
2012年，获“全国家纺设计大赛”优秀奖。参展第七届“国际纤维艺术展”。

作品名称：《荣》 **材料**：棉线 **尺寸**：200cm×144cm

姓名：赵月

国籍：中国

简历：清华大学美术学院服装艺术设计专业艺术硕士研究生。
参加第18届“‘汉帛杯’国际青年设计师时装作品大赛”，并荣获铜奖。
参加首届“‘创业杯’时装设计大赛”，并荣获最佳人气奖。
毕业设计《结晶体》获得优秀毕业设计奖项。

作品名称：《行走中的城市》 **材料**：真丝、羊毛

姓名：罗玥
国籍：中国

简历：2006年，考入清华大学美术学院染织服装艺术设计系，就读于染织班。2010年取得学士学位。2010年至今，清华大学美术学院染织服装艺术设计系硕士在读。2009年，获"全国纺织品设计大赛暨国际理论研讨会"优秀奖。

作品名称：《涡》 **材料**：毛毡，毛线，棉线 **尺寸**：50cm×80cm

姓名：陈玉冰
国籍：中国

简历：2011年毕业于广州美术学院设计学院染织艺术设计系织物方向，作品《水色•江南》曾获“‘新华隆杯’（2011）全国院校家居软装饰设计大赛”优秀奖。该作品的指导老师为金英爱、曲微微、阎秀杰。

作品名称：《跳动的旋律》 **材料**：涤纶单丝、涤纶复合捻丝、锦纶复合捻丝、锦纶编织带

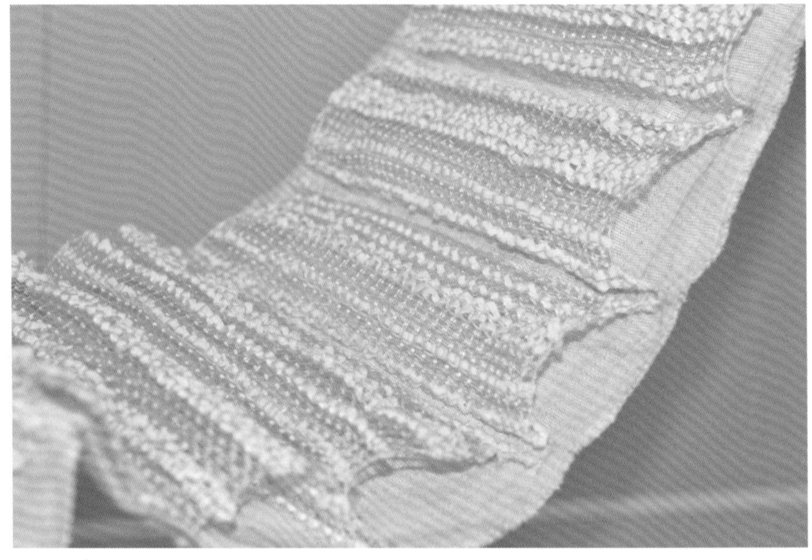

姓名：费巍
国籍：中国

简历：2007年，就读广州美术学院染织艺术系。2010年进入织物工作室学习。2011至今就职于广东玉兰装饰材料有限公司，任墙纸设计师。该作品的指导老师为金英爱、阎秀杰、曲微微、高树立。

作品名称：《海•织•韵》 **材料**：涤纶、珍珠 **尺寸**：30cm×80cm

姓名：邓树海
国籍：中国

简历：2010年，毕业于广州美术学院织物设计工术设作室，师从金英爱老师。
该作品的指导老师为金英爱、高树立。

作品名称：《20101112》　**材料**：涤纶纱线
尺寸：183cm×54cm

姓名：何结玲
国籍：中国

简历：2012年毕业于广州美术学院染织艺术设计系。
该作品的指导老师为金英爱、阎秀杰。

作品名称：《高山流水》　**材料**：涤纶
尺寸：60cm×260cm

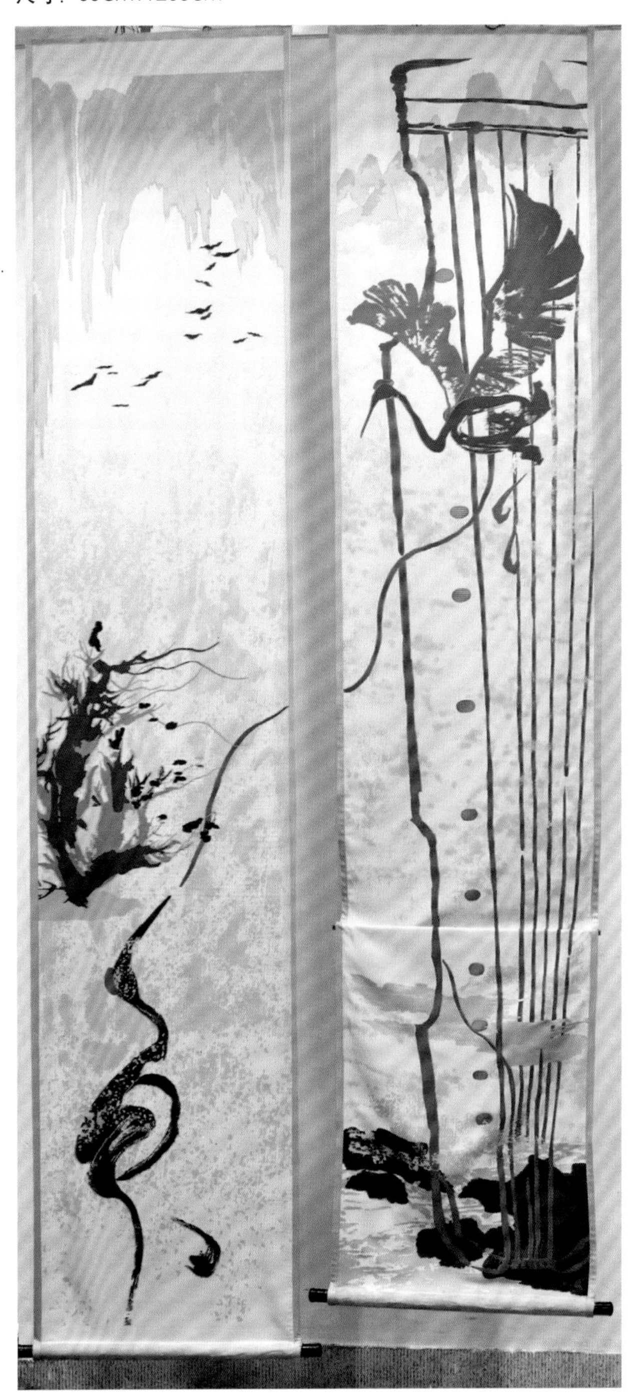

姓名：黄健锋
国籍：中国

简历：2010年，毕业于广州美术学院染织艺术设计系。
该作品的指导老师为金英爱、阎秀杰、高树立、曲微微。

姓名：黄美柳
国籍：中国

简历：就读于广州美术学院染织艺术设计系。该作品的指导老师为金英爱、阎秀杰。

作品名称：《花韵》　**材料**：涤纶
尺寸：160cm×300cm

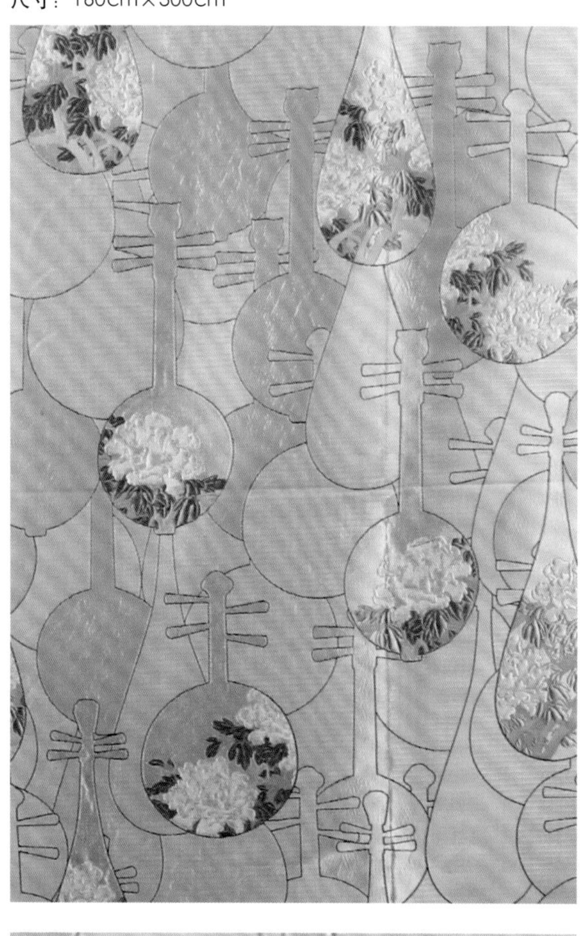

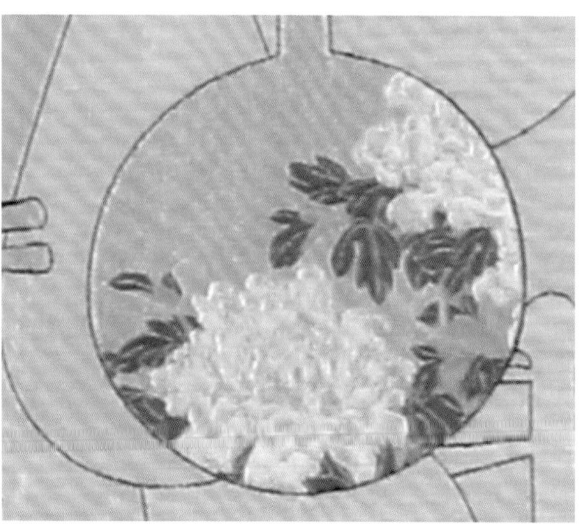

作品名称：《层影》　**材料**：涤纶纱线
尺寸：250cm×140cm

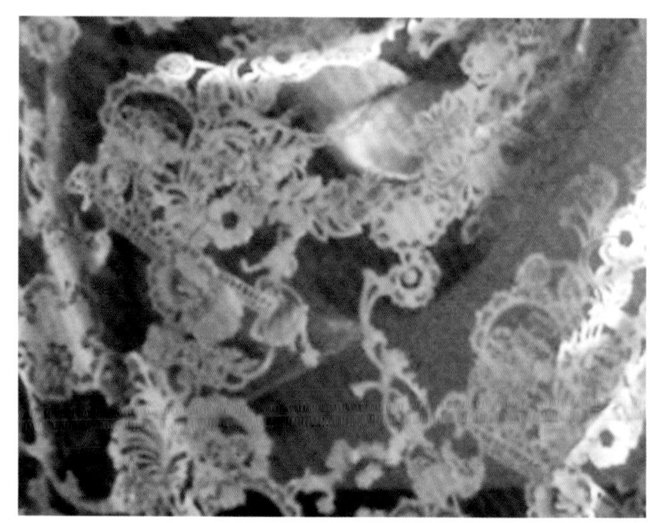

姓名：邝春婷

国籍：中国

简历：2010年毕业于广州美术学院染织艺术设计系，主修织物设计。毕业设计主要研究凹凸提花织物的应用，利用盲人敏锐的触觉，将可触摸识别的盲文与家纺面料设计结合，设计了可供盲人识别的、具有情感化的装饰面料。该作品的指导老师为金英爱、阎秀杰、高树立、曲微微。

作品名称：《Touching and Feeling》 **材料**：涤纶 **尺寸**：150cm×200cm

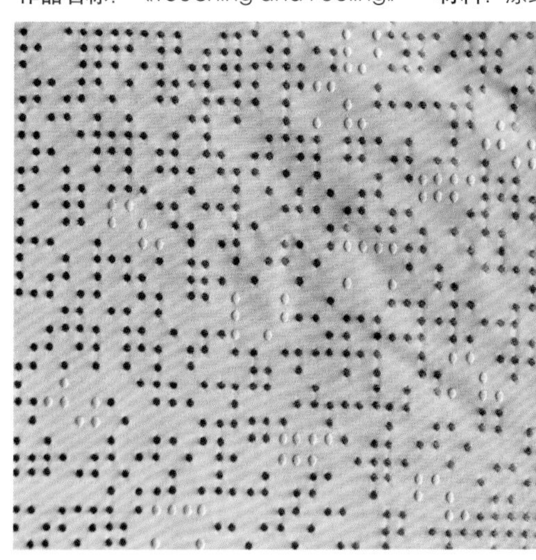

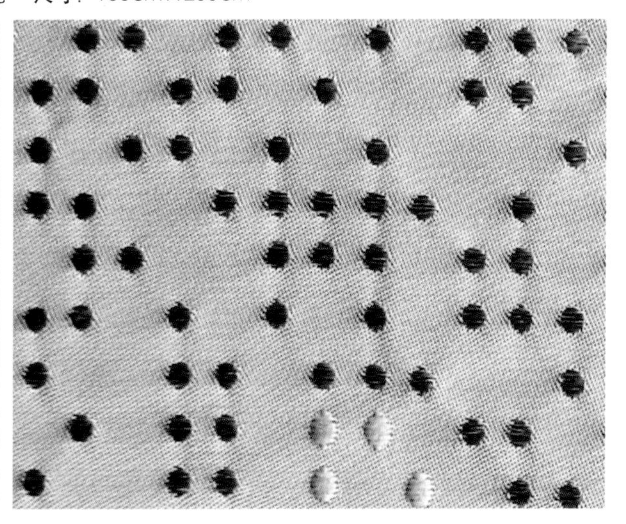

姓名：邵招

国籍：中国

简历：2010年毕业于广州美术学院染织艺术设计系，主修织物设计。毕业设计主要研究凹凸提花织物的应用，利用盲人敏锐的触觉，将可触摸识别的盲文与家纺面料设计结合，设计了可供盲人识别的、具有情感化的装饰面料。
该作品的指导老师为金英爱、阎秀杰、高树立、曲微微。

作品名称：《Touching and Feeling》 **材料**：涤纶 **尺寸**：150cm×200cm

姓名：李伟琼
国籍：中国

简历：2007年，以优异的成绩考入广州美术学院染织艺术设计专业。2010年，获得“摩力克花型设计大赛”一等奖，2011年，毕业并取得学士学位。该作品的指导老师为金英爱、阎秀杰。

作品名称：《灰常织物》 **材料**：竹节棉、单丝纱、股线 **尺寸**：500cm×500cm

姓名：张欣妮
国籍：中国

简历：2012年，毕业于广州美术学院染织艺术设计专业。在校期间曾参与广东纺织公司、织物设计工作室共同合作的产品开发项目，获2012年全国院校家居“软装饰”设计优秀奖，获2010年“全国家用纺织品设计大赛”创意设计奖。该作品的指导老师为金英爱、阎秀杰。

作品名称：《活水》 **材料**：涤纶 **尺寸**：60cm×130cm

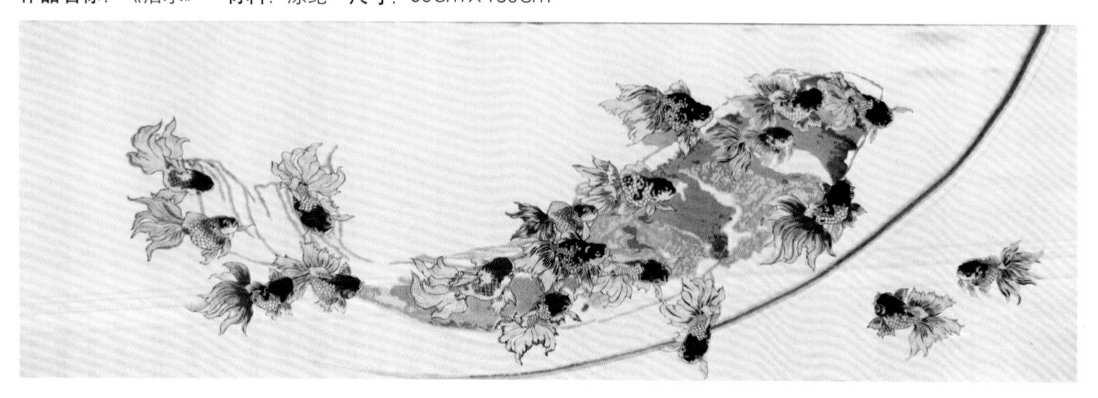

姓名：陈斯崇
国籍：中国

简历：2011年，毕业于广州美术学院织物设计工作室，师从金英爱老师。该作品的指导老师为金英爱、阎秀杰。

作品名称：《折纸对立体织物设计的启发》 **材料**：涤纶纱线、弹力纱 **尺寸**：50cm×50cm

姓名：陈伟玲
国籍：中国

简历：2012年，毕业于广州美术学院染织艺术设计专业，曾获2012年全国院校家居“软装饰”设计金奖。该作品的指导老师为金英爱、阎秀杰。

作品名称：《螺》 **材料**：涤纶 **尺寸**：60cm×88cm

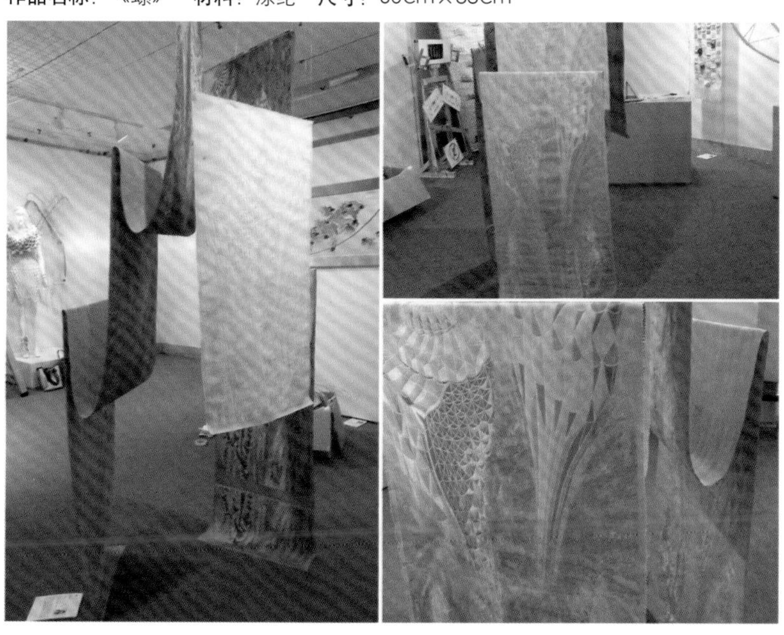

ARTIST NAME: Susan Taber Avila

COUNTRY: USA

CURRICULUM VITAE:

Professor of Design (Textiles & Fashion) University of California, Davis.
Chutian Scholar Wuhan Textile University, China (2012-2015).
Exhibitions include: Argentina, Costa Rica, Lithuania, Mexico, Swaziland, Turkey, United Kingdom, United States,Hong Kong and Mainland China.
Artworks published in several books and periodicals including textiles,the art of mankind and machine stitch perspectives.
Articles published in *Fiberarts*, *Ornament*, and *Surface Design Journal*.

ARTWORK TITLE: Information Overload **MATERIAL:** thread, hand dyed fabric remnants **SIZE:** 185cm×117cm

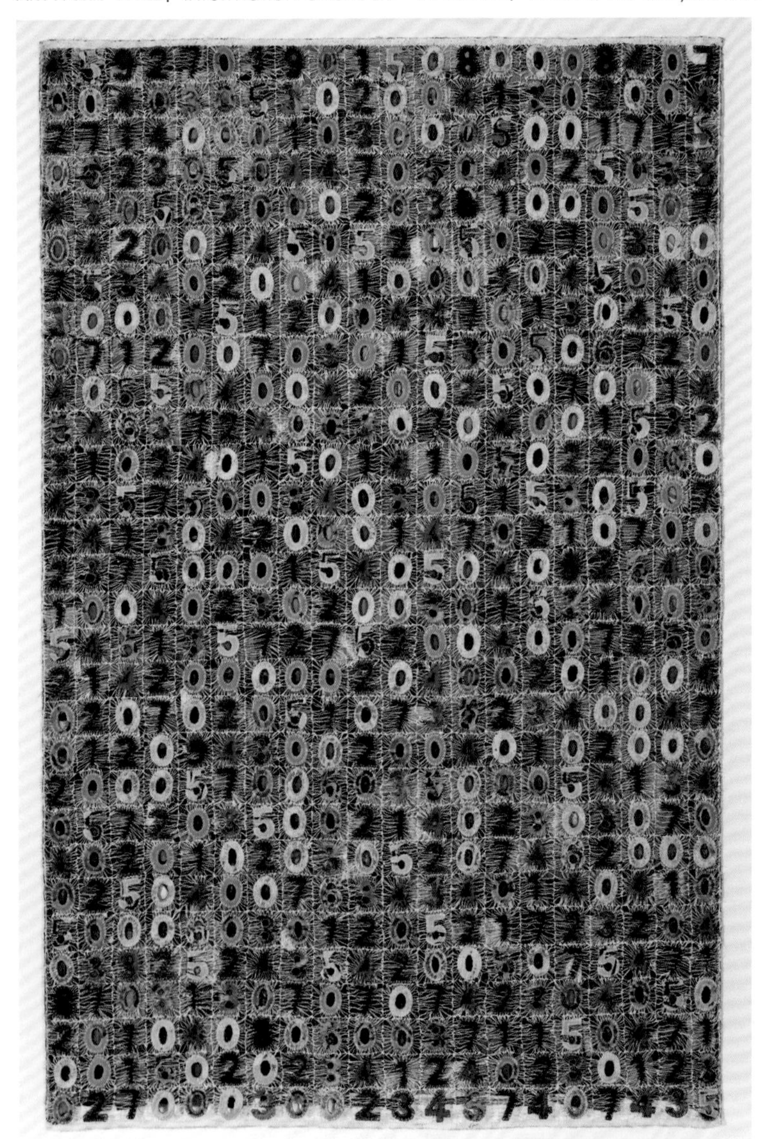

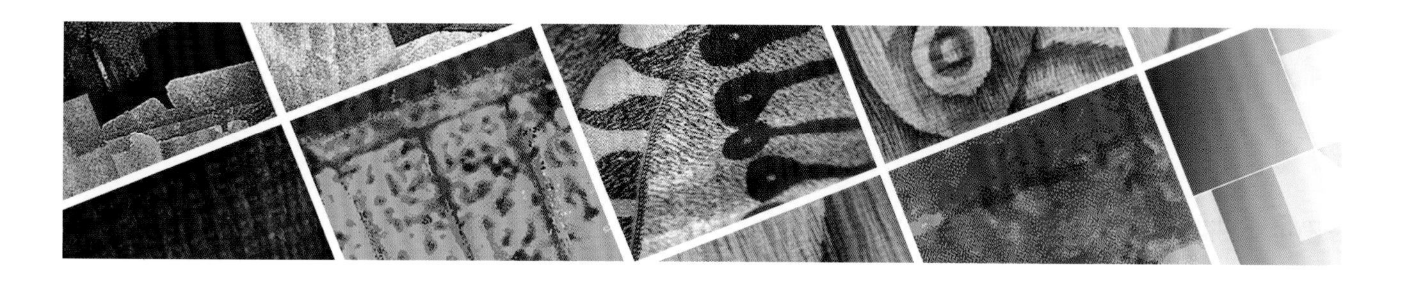

各地区纹织艺术作品

Weaving Works from Different Areas

- 印度
- 土耳其
- 伊朗
- 马来西亚
- 印度尼西亚
- 乌兹别克斯坦
- 中国 新疆
- 中国 山东
- 中国 湖南
- 中国 海南
- 中国 贵州
- 中国 苏州
- 中国 南京

印度地毯　印度

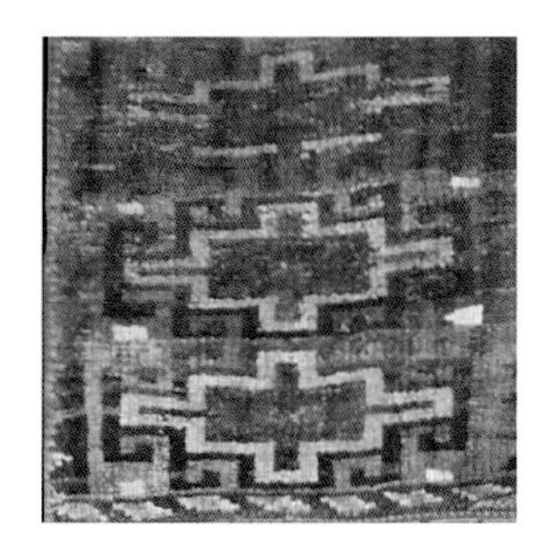

土耳其地毯　土耳其

伊朗地毯（1） 伊朗

伊朗地毯（2） 伊朗

伊朗地毯（3） 伊朗

扎经织物（1）　马来西亚

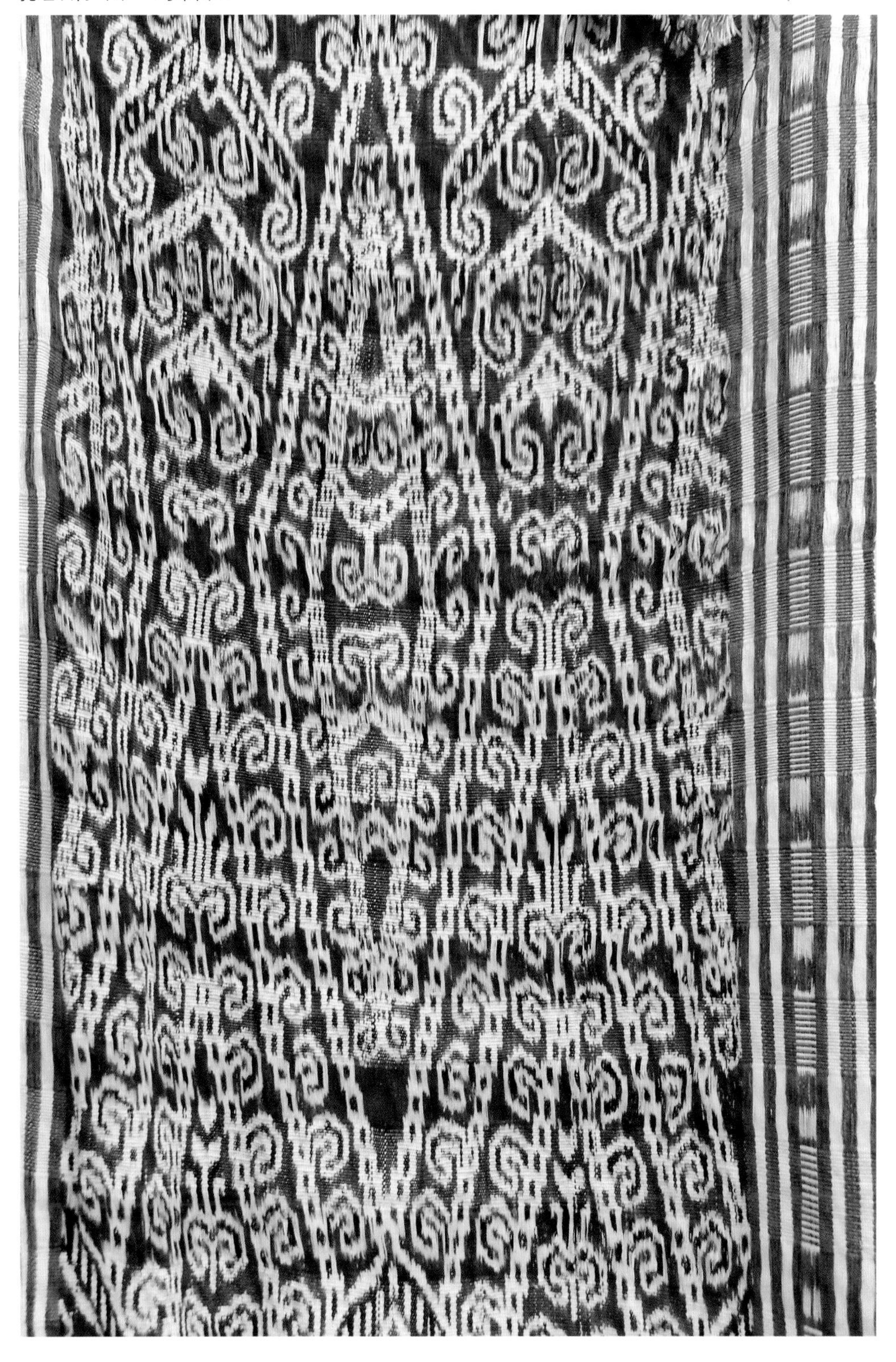

扎经织物（2） 马来西亚

扎经织物（3） 马来西亚

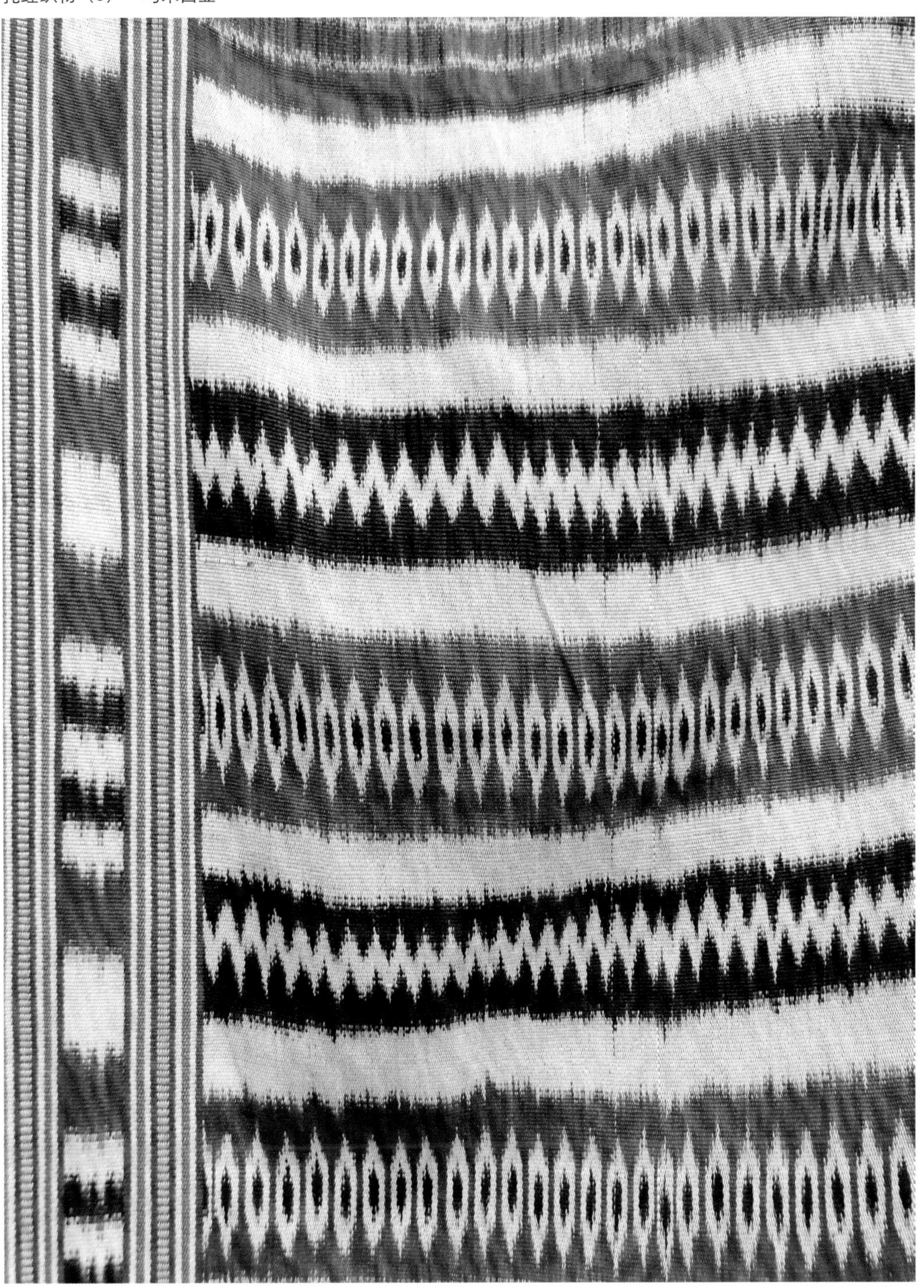

扎经织物（4） 马来西亚

扎经织物（5） 马来西亚

编结织物　印度尼西亚

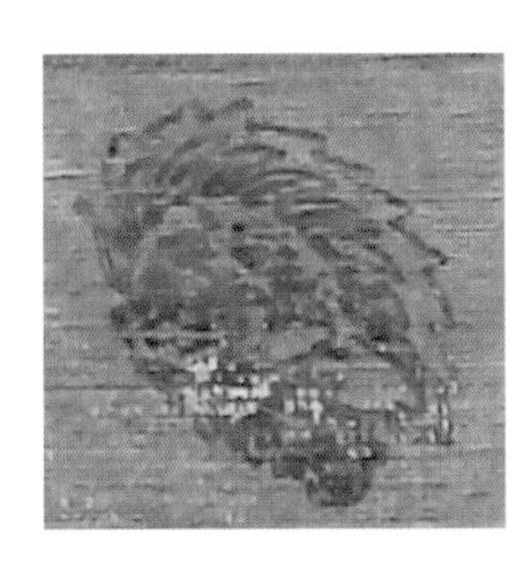

织物　印度尼西亚

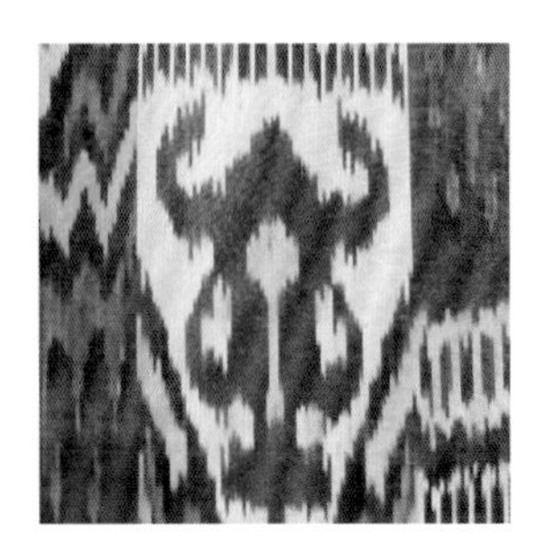

艾德丽丝绸（1）　乌兹别克斯坦

艾德丽丝绸（2） 乌兹别克斯坦

艾德丽丝拼布锦　乌兹别克斯坦

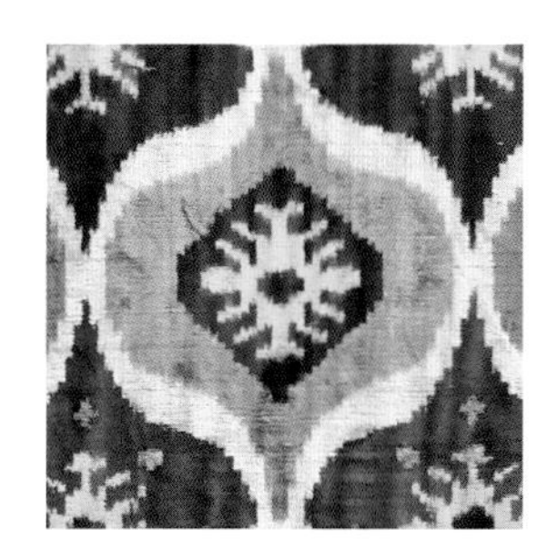

绒锦（1）　乌兹别克斯坦

绒锦（2）　乌兹别克斯坦

地毯（1）　中国　新疆

地毯（2） 中国 新疆

地毯（3） 中国 新疆

地毯（1） 中国 新疆 和田

地毯（2） 中国 新疆 和田

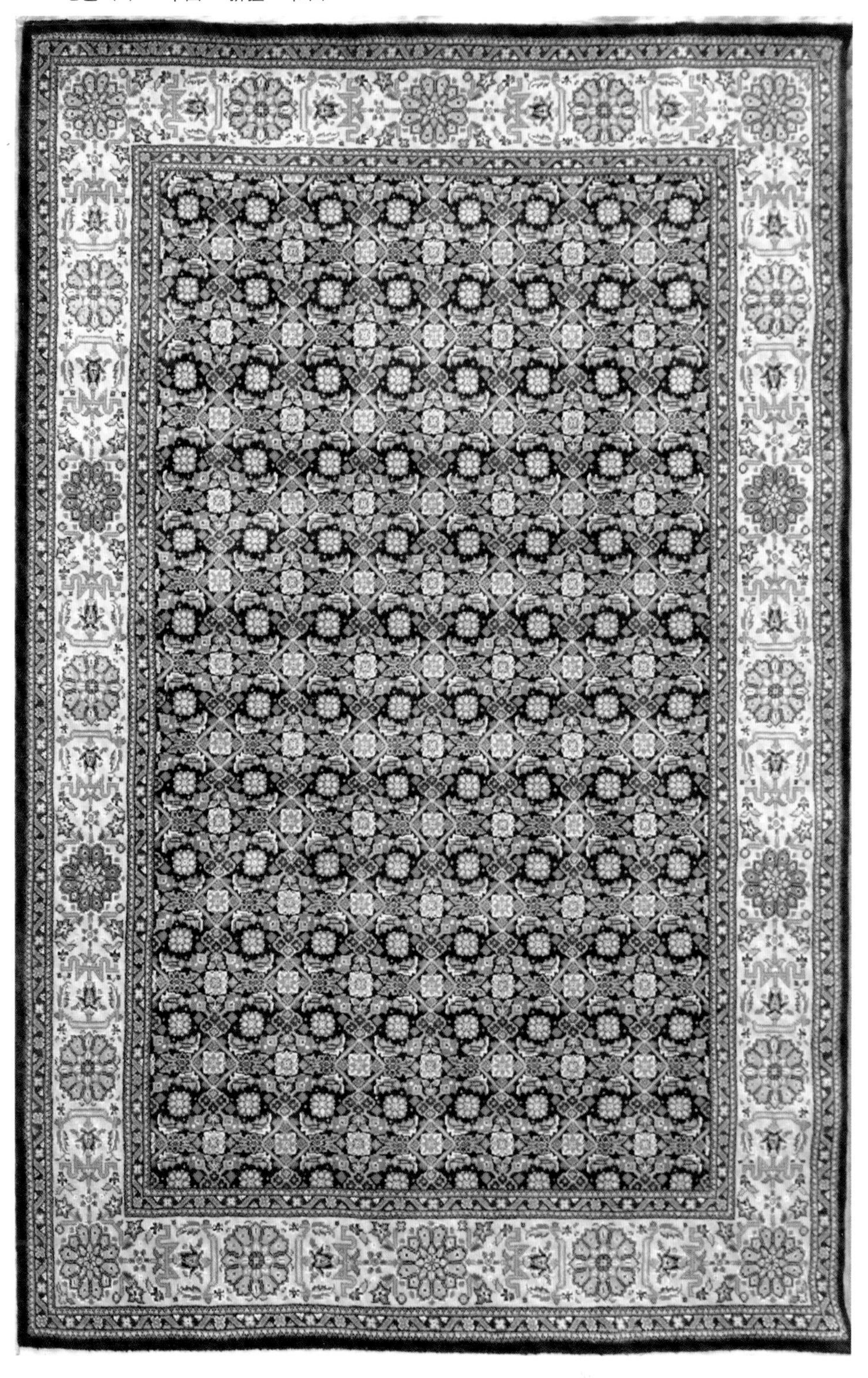

地毯（1）　中国　山东

地毯（2） 中国 山东

地毯（3） 中国 山东

地毯（4）　中国　山东

地毯（5） 中国 山东

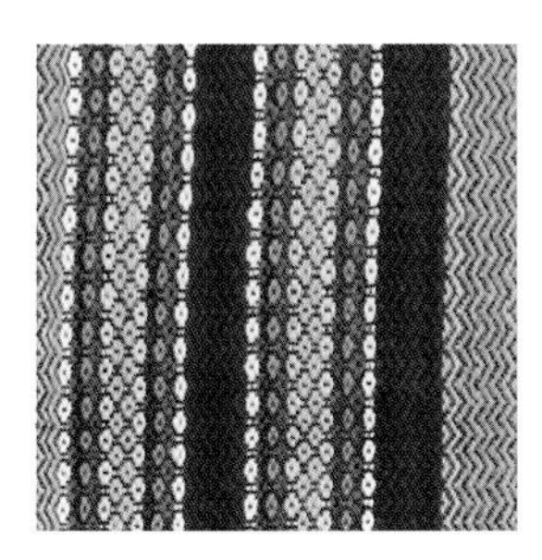

鲁锦（1） 中国 山东

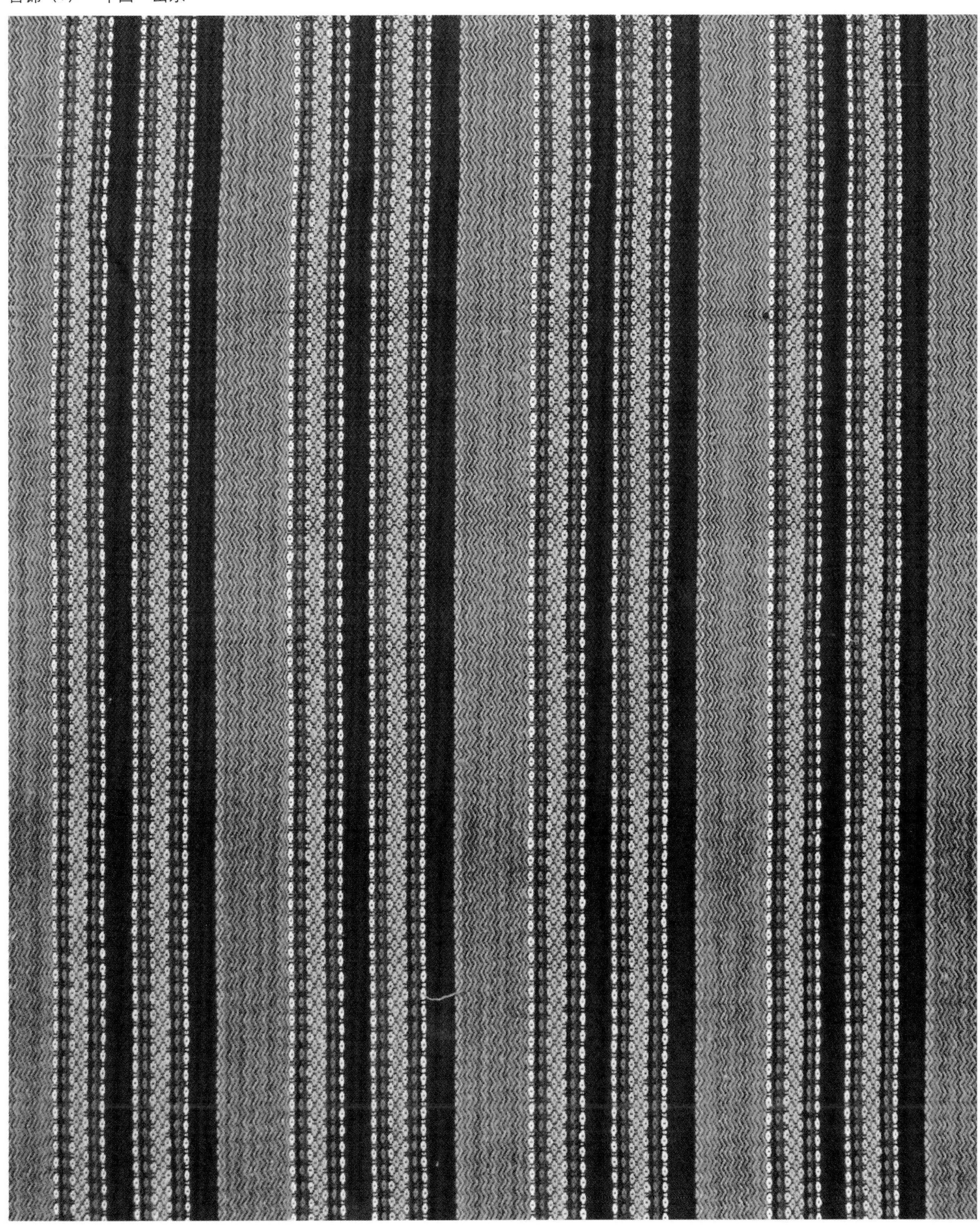

鲁锦（2） 中国 山东

鲁锦（3） 中国 山东

侗锦（1）　中国　湖南

侗锦（2） 中国 湖南

侗锦（3）　中国　湖南

侗锦（4） 中国 湖南

侗锦（5）　中国　湖南

土家锦《老鼠嫁亲》　中国　湖南

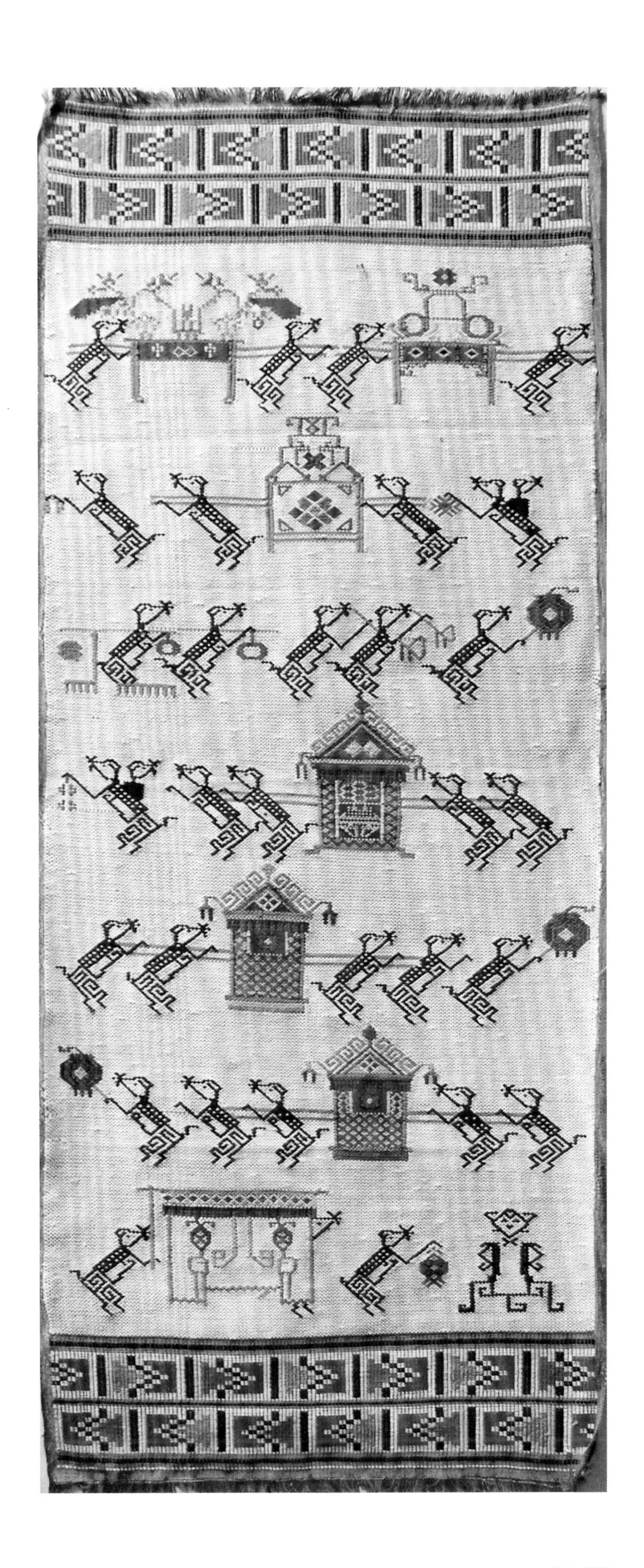

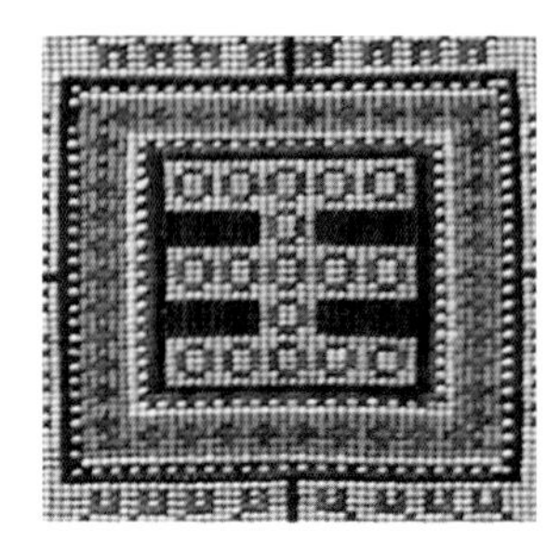

土家锦《王字花》　中国　湖南

土家锦《迎亲图》　中国　湖南

黎锦（1）　中国　海南

黎锦（2） 中国 海南

黎锦（3）　中国　海南

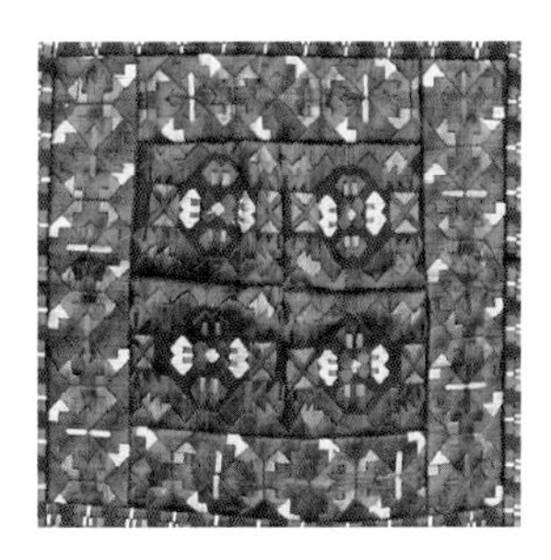

苗锦（1）　中国　贵州

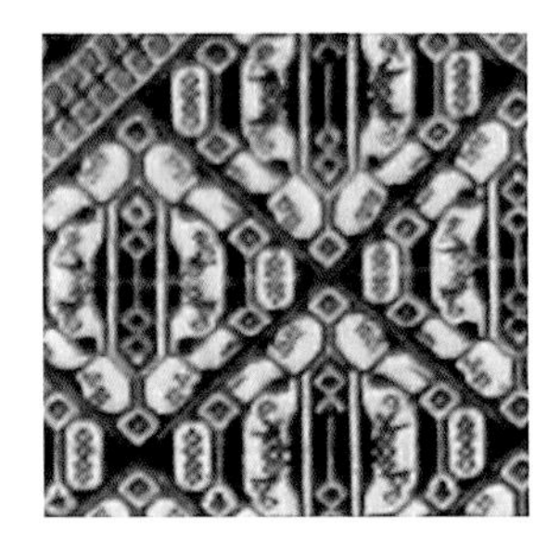

苗锦（2） 中国 贵州

苗锦（3） 中国 贵州

苗锦（4） 中国 贵州

缂丝（1） 中国 苏州

缂丝（2） 中国 苏州

缂丝（3） 中国 苏州

缂丝（4） 中国 苏州

云锦真金孔雀羽官补鹤　中国　南京

纺织艺术设计
TEXTILE DESIGN

2013年第十三届全国纺织品设计大赛暨国际理论研讨会
13TH CHINA TEXTILE DESIGN COMPETITION & INTERNATIONAL CONFERENCE 2013

2013年国际纹织艺术设计大展——传承与创新
INTERNATIONAL WEAVING ART EXHIBITION—INHERITANCE & INNOVATION 2013

纹织作品集
WORKS COLLECTION OF WEAVING

主办单位: 清华大学艺术与科学研究中心

联合举办:
中国家用纺织品行业协会
中国纺织服装教育学会
中国流行色协会
中国工艺美术协会
清华大学美术学院

承办单位: 清华大学美术学院染织服装艺术设计系

组委会:
全国纺织品设计大赛暨国际理论研讨会组委会成员（按姓氏笔画排序）
王　利 天津美术学院 教授
王庆珍 鲁迅美术学院 教授
田　青 清华大学美术学院 教授
朱尽晖 西安美术学院 教授
朱医乐 天津美术学院 副教授
李加林 浙江理工大学 教授
吴海燕 中国美术学院 教授
余　强 四川美术学院 教授
张　莉 西安美术学院 教授
张　毅 江南大学纺织服装学院 副教授
张宝华 清华大学美术学院 副教授
张树新 清华大学美术学院 副教授
陈　立 清华大学美术学院 副教授
郑晓红 中国人民大学 副教授
秦岱华 清华大学美术学院 副教授
贾京生 清华大学美术学院 教授
龚建培 南京艺术学院 教授
崔　唯 北京服装学院 教授
霍　康 广州美术学院 教授

参展单位:

韩国纹织艺术家

美国纹织艺术家

芬兰纹织艺术家

日本纹织艺术家

印度纹织艺术家

印度尼西亚纹织艺术家

马来西亚纹织艺术家

孟加拉国纹织艺术家

乌兹别克斯坦纹织艺术家

中国民间纹织艺术家

中国台湾纹织艺术家

英国皇家艺术学院

美国加州大学戴维斯分校

韩国东亚大学

Korean Culture and Design Council

Gangdong University

Sangmyung University

School of Arts, Dongduk Women' s University

Baewha Women' s University

Hanbat National University

芬兰阿尔托大学

Institute Technology Bandung Indonesia

National Crafts Council of Bangladesh

台湾东华大学艺术学院

台湾辅仁大学

台湾明道大学

台湾树德科技大学

台湾亚洲大学

台湾工艺研究发展中心技术组染织工坊

清华大学美术学院

中国美术学院

鲁迅美术学院

广州美术学院

南京艺术学院

四川美术学院

西安美术学院

北京服装学院

天津美术学院

天津工业大学

湖北美术学院

中国人民大学

江南大学纺织服装学院

山东工艺美术学院

青岛大学美术学院

中国防卫科技学院

东北大学

安徽农业大学

中原工学院

（排名不分先后）

活动内容与时间：

国际理论研讨会：2013年3月25日

纺织设计作品展：2013年3月25日—4月1日

国际纹织艺术展：2013年3月25日—4月1日

地　　点：清华大学美术学院

赞助单位：清华大学GUCCI 艺术教育基金
山东如意科技集团有限公司
中国建筑工业出版社
福州迪捷特数码科技有限公司

标识设计：田旭桐

策　　划：田　青　张宝华

策　　展：杨冬江

清华大学艺术与科学研究中心
2013年第十三届全国纺织品设计大赛暨国际理论研讨会组委会
中国家用纺织品行业协会
中国纺织服装教育学会
中国工艺美术协会
中国流行色协会
清华大学美术学院染织服装艺术设计系
2013年3月